© **Copyright**
Nothing in written word in this publication may be exhibited, copied, saved in an automated data file and/or made public, in any form or in any way, like by way of print, photocopy, microfilm recording device, or any other manner, without the prior consent of the authors and the publisher.
Please take note that according to copyright law, copyright protection lasts for the life of the author, plus seventy years. After that it will be considered public domain. Therefore all works in this book are public domain. All pictures have been graciously made available by Marius van den Berg who owns a personal library of antique books.

Disclaimer and Terms of Use
The author and publisher make no representation or warranties with respect to the accuracy, applicability or completeness of the contents of this book. The information contained in this book is strictly for educational purposes. Therefore, if you wish to apply ideas contained in this book, you are taking full responsibility for your actions. The author and publisher shall in no event be held liable to any party for any direct, indirect, punitive, special, incidental or other consequential damages arising directly or indirectly from any use of this material, which is provided "as is", and without warranties.
The author and publisher do not warrant the performance, effectiveness or applicability of any outside sources specified in this book.

DANIEL GEORGIUS MORHOFS
BRIEF,

over het breecken van een
GLASE ROEMER
door seecker Menschelijck geluyt,
geschreven in het Latijn
aen den
Wijdtberoemden Heer
JOHAN DANIEL MAJOR,
Sijn Amt-genoot,
Hoogh Leermeester der Artseny, ende
eerste Arts van den

Seer Eerweerdigen ende Doorlucghtihsten
BISSCHOP van LUBECK,
en in onse
Nederduytse Taale Overgebraght
door D. P.

t'AMSTERDAM,
Te bekomen by JACOBUS LEMMERS, Boeck-
Verkooper voor aen in de Niesel aen de
Warmoestraet, 1672.

Op de
TIJTEL-PLAET.

*D*At *vry den Botmuyl lach' en schater'*
   Met Kunsten, die hy niet verstaet;
Gelijck men aen den dommen Sater
Bespeurt, in dese Tijtel-Plaet;
Apollo toont ons, dat der Toonen
Eensluydendheydt den Roemer breeckt;
En leert het dus sijn waerde Soonen:
Dat eene Snaer dan daedlijck spreeckt,
Wanneer de Musen, andre Snaeren,
Op eenen selven toon gestelt,
Aenraeckende, die klancken paeren
Met een betooverend gewelt.

De
OVERSETTER
aen den
LESER.

BEminde Leser, dat ick soude roemen, in het geen dien wijsen Heer *Daniel Georgius Morhof* alleen moet werden toegepast, sy verre. Veel minder sal ick dit ontwerp hier mede grooter luyster trachten te geven, dat by my de vrymoedigheyt is genomen, iets daer in te veranderen. 't Is soo dat ick de volmaecktheyt, nooyt volpreesen vast stelde, my alleen als oversetter voordragende, en 't geen verandert hebbe, onder aengeteeckent, oordeelende 't oogh wit van den Schrijver geweest te sijn; de mangel, die dese veroorsaeckte, toeschrijvende den Drucker van 't Latijnse voorbeelt, terwijl daer na klaer genoegh blijckt, dese veranderinge met de meyninge van den selve over een te komen; 't was noodigh dit veranderen, terwijl in het bewijs van de oorsaeck van het breecken der Roemers door de stem op de eensluydendheyt bysonder aen komt, gelijck den Heer *Morhof* daer door hier na breeder d'oorsaeck bevestight: dat ick oock eenige geschiedenissen hebbe by gevoegt, is niet om dit werck volmaeckter voor te dragen; hier toe bewoogh my alleen mijn drift, uyt een nader verhael aen my door den breecker der Glase Roemers door sijn stem veroorsaeckt, meynende daer mede niet krachtiger te bevestigen d'oorsaecken, maer te versterken de verwonderingh, waer het getal van soo veel Doorluchtige Mannen vergroot wiert, welckers naauwkeurige begeerte hun tot de ondervindingh hadden heen gevoert. Ben ick dan vrymoedigh geweest, sulckx verkort niet de diepsinnige onderrechting van den Heer *Morhof*. Ick heb mijn ooghwit bereyckt, soo mijn genoome moeyte aengenaem is, ende U. E. gunstige aendacht de misgreep, soo eenige mocht begaen sijn, ten besten duyt.

Vaert wel.

TOE-EYGENINGH

Aen den Ervaren, seer Nauwkeurigen Breecker van Glase Roemers door sijn Stem

NICOLAES PETTER.

G<small>OEDE</small> V<small>RIENT</small>,

Nauwer ondersoeckingh verschafte wisser kennis, waer dat de ervarentheyt geen kleyn bewijs toe gaf. d'Onderlinge treck van de geschapen dingen tot malkander, heeft soo veel wijse verstanden 't Hersenvat belemmert, sonder dat evenwel in alles d'oorsaeck openbaer wiert, dat men met verwonderingh tot noch toe d'oorsaeck van veele verborgen vont, en waer die te voorschijn quam mocht het met recht de moeyte ende nauwkeurigheyt van een wijs man toegeschreven worden. Sulcks t'ondersoecken paste best den ervarene, ende soo die ervarentheyt door wijsheyt niet wiert gekoestert, wiert de kuntschap bedwelmt, ende bleef verholen, het trachten vruchteloos, ende liet ons in verwonderinge. Sulckx heeft het kennen der oorsaecken van d'onderlinge treck in veele niet kunnen voortbrenbrengen, en wat'er meer van is tot noch toe aen de Goddelijcke kennis eygen gelaeten. Het is een bewijs dat God alles kent dat hy geschapen heeft, ende onse kennisse met de sijne niet moet worden geëvenaert, en terwijl evenwel dat onderfochter verstanden veel tot dese kennisse van d'oorsaecken hebben gevordert, ist dat de naeuwer onderfoeckinge geoorloft, ende evenwel die selvige van God bepaelt zy. Wat heeft de wijsheyt niet al te weegh gebraght, daerse vergeselschapt gingh met nederigheyt? opgeblasen wijsheyt baert onkunde. De wijsgieren hebben ons de natuur wonderlijck voorgebeelt, en uyt die weten te putten met voorsichtigheyt soodanige geheymen, dat yder verstelt staet in hun oordeel. Veel misgrepen heeft het verstant van die begaen, die haer boven 't top-punt huns verstants hebben laten henen voeren, en voorwaer daer het verstant wilde steygeren boven de reden, wiert de saeck, en de kennisse der selve mis-gegreepen. Bepaelt dan te blijven, binnen de muuren van de reden, en die te gebruycken tot meesterse van 't vernuft, stelt alle natuurlijcke dingen kennelijck, ende die soo met neerstigheyt onderfocht worden, openbaer, niet alleen voor den onderfoecker, maer oock voor die gene, die dit onderfochte op het Papier wort nagelaten. Wel-be-

beschaefde onderſoeckingen, vereyſchen wel-
beſchaefde oordeelen; wel-beſchaefde oordeelen, en kunnen van geen ruwe verſtaen worden. Soo dat het de ſchrandere wetenſchap paſt,
ſchrandere verſtanden te oeffenen. Dit bewoog
den Heer D. G. Morhof, als hem voorquam
U. E. kunſtigh bedrijf in het aenſtucken roepen van Glaſen door uw ſtem, ſijn dappere
ſchranderheyt te werck te ſtellen (wel verſe-
kert dat hy niet alleen een wonder oordeel ſoude oeffenen, wat ſegh ick, oeffenen ſich onderdanigh maecken, dit paſte beſt den ver-
ſtandigen, maer oock de gansche werelt open-
ſtellen d'oorſaeck van deſe onder-vindinge)
ende alſoo ſchreef hy deſen Brief, bevatten-
de de voorgemelde ſtoffe aen den ſeer vermaerden en wel-geleerden, ervaren Arts en Na-
tuurkundige Johan Daniel Major. Dit quam
my nauwelijcks ter handt, verſien met een
ſeer cierlijck Latijns kleet, of door groote luſt
aen-geprickelt, had ick het derven beſtaen den
Heer Morhofs Hooghdravende ſtijl in ſoo
verborgen ſtof, te belemmeren, ſoude my ver-
ſtout hebben, het ſelvige met ons Vaderlijck
kleet te veranderen, niet van ſelfſtandigheyt,
maer toeval van hoedanigheyt. Wijsheyt
voert de beleeftheyt altijt in haer boeſem heen,
en wat dappere aenſtoot lijdt beleeftheyt niet?

Dit vervoerde mijn vrymoedigheyt 't werck by de handt te grijpen, en onse Vaderlijcke Stadt en Landt wat nader gemeen te maecken; Ick wil oock niet twijfelen waerde Vriendt, of gy sult dit aengevaerde onder uwe beleefde vleugelen laeten schuylen, terwijl niet kan sien wiens beschermingeick dit nader kan bevolen laten, en de stoffe in het Latijn uyt U. E. naeukeurighe ondervindige veroorsaeckt wiert, ende niet weyniger my verbont de stoffe in ons vaderlijck gewaet U. E op te dragen. Ick wil my dan verseeckeren dat gy sulckx sult wel ontfangen, want niet anders beleefde heusheyt past, die ick by dese ende andere gelegentheden soodanigh heb bespeurt, dat daer op durf vast gaen, en tot erkentenisse U E. verseeckere dat ick ben, en blijven sal

U. E. Dienst-willige Vrient

D. P.

D. G. MORHOF.

aen

den Wijt-beroemden Heer

JOHAN DANIEL MAJOR.

ALs niet langh verleden, tuſſchen ons wiert geſprooken van een glas door het geluyt van een menſchelijcke ſtem gebrooken, waer van ick nu onlanghs in Nederlandt een Ooghſiende getuyge geweeſt was, en, *Eerweerde Amtgenoot*, gy van my begeerde, dat naeuwkeurigh ſoude beveſtigen de geſchiedenis van deſe ſeer ongemeene ondervindinge, heb ick met luſt uwe wil willen onderdanigh ſijn: ende dat ſoo veel te begeeriger, als my, ende onſe onderlinge Vrientſchap heeviger voortdreef, ende die oeffeningen van natuurlijcke dingen vriendelijcker noodighden, door welckers ſoetigheyt ick ſeer wonderlijck wort geraeckt. Ick ſal dan de ganſche ſaack van het begin aenvangen, niets achterlatende van al 't geen, dat, of om de ondervindinge te gelooven, of om light te geven aen de oorſaeck, indien dat na te vorſſchen miſſchien uw luſt moght ſijn, kan toegebraght worden.

Als ick 't voorleden jaer tot Amſterdam was heb ick kenniſſe gekreegen aen eenen *Jodocus Pluymer*, een vermaert Boeckverkooper van die plaets. Hy was d'eerſte, die, ick weet niet

by

D. G. MORHOF,

by wat gheval, my verhaelde, van een seekere Wijnkooper, genaemt *Nicolaes Petter* woonende op de Prince graght, daer *Gustavus burgh* uyt hanght, dat die selvige glase roemers, door sijn stem, konde aenstucken breecken. Terwijl my sulx wonder en ongewoon scheen, heb ick niet afgelaten den Boeckverkooper aen te dringen, dat my eens by die man soude brengen. Hy heeft my daer gebraght: ende als hy in mijn tegenwoordigheyt de ondervindinge daer van te hebben versoght, heeft hy eenige glase drinckschalen, die gebuyckt waren, onder aen de voeten met knoopen, voor ons gebraght, welcke men gemeenlijck roemers noemt, maer die boven een pint niet en hielden. Ick koos daer selfs een uyt, die my wel de stercksste scheen te sijn (dat hy wilde, op dat geen quaet vermoeden hebben soude, dat hier eenigh bedrogh onder schuylde) doen gaf hy my die, dat ickse soude vast-houden, het geluyt van de selve eerst ondertastende, en sijn mondt hebbende gevoeght omtrent het midden van 't glas, gaf door sijn stem een geluyt, *a* 't welcke een Octav of achtlingh hooger was als dat van 't glas, terstont klonck het glas mede, ende dat soodanigh by na tot crijsselen toe, ende ick voelde in mijn hant de lilling en bevinge van het selvige, welcke stem, als hy nu sonder op houden met een langen adem aengehouden hadde, brack het glas met geruysch aen stucken, en dat soodanigh dat de breuck

a Soo staater in het Latijn maer is onmoogelijck, en moet soo verandert worden, 't welck met dat van 't Glas over een quam, gelijck verder uyt de woorden van den Schrijver sal blijcken.

Van het aenstucken roepen der Glasen.

breuck ront en dwars door de buyck van de roemer ende selfs de knoopen van de voet henengingh, van dat deel af dat tegen over sijn mont was. Sulx gebeurde oock in noch meer andere roemers. Maer ick dit selvige mede trachtende te doen terwijl mijn stem plomper, ende door de begeerte verscheyden en onbestendigh was, misten my de uytval. Ick bemerckte wel light, waer in de gelegentheyt van dese ondervinding bestont, 't welcke de Wijnkooper oock selfs niet ontkende, te weten inde evengelijckheyt van 't geluyt, welcke hy seyde dat soo naauwkeurigh wiert vereyscht, dat, indien maer een geheele of halve snee veranderde, de uytwerkinge ydel ende te vergeefs soude worden. Hy hadde geleert door een langhduurigh gebruyck sijn stem soo te matigen, dat hem d'uytkomst noyt soude ontstaen. Hy hadde ook een Soon, dewelcke dat selvige mede konde doen, ende dat vaardiger, want hy een doordringender stem hadde. Daer sijnder dagelijkx die, de nieuwsgierigheyt van dese ondervindinge te sien noodight by dese man te komen. Verscheyde Heeren sijnde tot sijnen huyse gekoomen op den 16 Jannuary 1672, de welcke onder malkanderen gewedt hadden, dat hy geen 25 Roemers in een uur soude aen stucken roepen, versoghten aen hem de ondervindinge daer van te moogen sien, 't welck hy, [b] gelijck my selfs verhaelt heeft, tot vergenoeginge van dese Heeren sigh onderwont, ende in een half uur was het versoghte, tot groote verwonde-

---

[b] Dese geschiedenisse en wordt in het Latijnsche voorbeelt niet gestelt, maer heeft het selvige my verhaelt.

deringe van haer alle, al uyt gevoert. Defe is daer en boven inde Worftel Kunft feer ervaren, wiens beginfelen, en grontflagen naauwkeurich verhandelt, hy t'eniger tijt in een byfonder boeck fal voordragen, hy kan oock, en dat by na op een ende de felve tijt met foo verfcheyde ftemme fprecken, datmen foude fweren, *a* datter vier of vijf in een kamer waren onder malkander kijvende of pratende, ende dat in een, of verfcheyde talen, indien jemant onkundich het felvige van buyten aenhoorden. 't Gerucht van hem quam tot den groot Hertogh van Tofcanen, toen hy fich by de Bataviers onthielt, die hem op den 6 Juny 1670. ontboden heeft, ende oock den felve naer dat alles hadde vertoont, met een heerlijcke vereeringe heeft laten gaen. *b* Den Orangien Vorft Prins *Wilhelm Hendrick* drongh mede de nieusgierigheyt aen op het gerucht, dat by na de gantfche vremdelinghfchap gemeen is, en heeft hier tot Amfterdam komende, hem ontboden, beluft d'ondervindinge te beoogen, die foodanich in alles was voldaen dat defe met volkomen vergenoeginge fijn affcheyt konde nemen, latende achter hem overigh aen dien Heer ende fijn gantfche gefelfchap een uytnemende verwonderinge. Den Engelfen Afgefant de Heer *Temple*, fiet waer den drift tot iets ongemeens jemant henen voert, vernedert fich inden jare 1669. den 29 Juny te komen ten huyfe van defe Wijnkooper om foo het gerucht met de onder-

a Het Latijnfche feght 6. of 7. maer fulckx feght hy hem onmogelijck te fijn, hebben dier halven dit foo verandert.
b Defe fijn ingevoegden tot dit volgende gelijcke teecken.

Van het aenſtucken roepen der Glaſen.

dervindinge t'ſamen te heghten aen wien hy met alle onderdanige beleeftheyt de ſelve uytval vertoont. *b* Hier van is oock een oogſiende getuyge geweeſt den ſeer doorluchtigen Heer *Thevenot*, gelijck my de Boeckverkooper verhaelt heeft. Het is daer na gebeurt, als ick varende naer Engelant, aldaer aenſprack de doorluchte ende vermaerſte mannen uyt de Konincklijcke Maetſchap, voornamentlijck *Boilius* ende *Oldenburgh*, ende gewach maeckte van deſe ondervindingh, den wijt beroemde Heer *Oldenburgh* dit aen de Maetſchap voordroegh: in welckers doorluchte by een komſte, terwijl dat ſomtijts wiert toegelaten, hebbe ick de ganſche ſaecke voor gebracht. Soo iſſer dan beſlooten, dat de waerheyt daer van door ondervindinge ſoude werden onderſocht, maer gelijck daer na gewaer wiert, de ſake geluckte niet, miſſchien om dat al het vereyſchte daer toe, niet wiert waer genomen. Ick ſelfs heb het ook eenige malen onderſtaen, maer altijt met vergeefs trachten, tot dat eyndelijck in een dun of ſijn glas de uytkomſt over een quam. Ick heb oock wel gedacht, of niet door het geluyt van een Trompet de glaſe roemers eerder ſoude breecken, als van een ſtem, ick heb het onderſocht, maer wel onder twintich roemers iſſer niet een geweeſt, wiens (Octav.) achtoon de Trompetter conde kreygen, water daer in gietende, matichde ick het geluyt wat, op dat menſe te ligter ſoude bekoomen, en ick heb geſien in een glas matigh geluyt gevende het water ſoetiens gekronckelt of bewoogen als de Trompet op die ſelvige toon

toon geluyt gaf: alſſe een verſchillend' geluyt gaf ſoo en verrepte ſich noch het water, noch het glas klonck. Maer alſſe 't geluyt gaf van de achtoon, ſoo gevoelde ick oock een bevinge in het Helder klinckende Glas, want ick het in mijn handt hielt, ende het water wiert met ſulcken kracht geſchudt, dat de druppelen daer uyt ſprongen en over de ganſche tafel wierden verſpreyt, en ick geloof dat het Glas ſoude gebrooken hebben indien de Trompetter langer in dat geluyt hadde kunnen beſtant blijven, ten ſy miſſchien d'al te groote verſpreyinge van 't water, 't geluyt van het glas moghte verandert hebben. Het ſcheen my toe of op eenſtemmige geluyden oock eenige bevinge in het glas vernam, maer ſeer gering, als ick op een Fluyt geluyt gaf, kon ick ſwaerlijck eenigh geluyt in 't glas vermercken, om dat de wint te weynig is, ende door de verſcheyde uytgangen gelijck als gebrooken, ſoo dat het glas niet ſterck genoegh, noch te recht kan geraeckt worden; 't is nochtans wel gebeurt ſomwijlen, dat op ſeecker toon van de Fluyt wel een even gelijck geluyt in 't glas quam, maer (indien men het ſoo noemen mach) onderſchickt, en als een tweede: terwijl dat het opperſte geluyt van 't glas niet gehoort wiert: 't welcke my ſeer wonder ſcheen, dat eenige vlackten van een onevengelijcke dickte, ofte t' ſamen voeginge (want hier uyt is de verſcheydentheyt van 't geluyt) beſonderlijck ſoo kunnen afgeſondert worden, door de golfachtige beweeginge des luchts, dat de andere deelen meede geen geluyt geven, in het tegendeel het voornaemſte geluyt

Van het aenstucken roepen der Glasen.

geluyt van 't geheele glas en wiert noyt ghehoort, ten zy dat dit onderschickt geluyt mede klonck, schoon wat sachter of teerder, welck, en verandert hebbende het voornaemste geluyt van 't glas door het ingieten van 't water, met die even bedeelinge wiert verandert. Uyt die onevengelijcke dickte ende t'samen voeginge dan ist, dat een glas verscheydentlijck in verscheyde delen geluyt geeft, of onsuyver klinkt, als twee geluyden even sterck gehoort worden. By welck geval dat, die gene die het glas soude breecken door 't geroep de boven toon uytkoos, want van een lager en wiert het niet gebroocken, waer van ick d'oorsaeck achte te sijn dat in een doordringender geluyt is een sterker toebrenginge van de lucht, om de deeltiens in 't glas te bewegen, ende soo bequamer om het selvige te breecken. 't Geheught my dat de Soon van dese Wijn-kooper my verhaelde dat in 't roepen hem tegen sijn mont eens een rondt stuckjen, uyt het midden van het glas gesprongen was, 't welck aen geen andere oorsaeck kan toegeschreven worden, als de onevengelijcke dickte, soo my dunckt, want dat ronde en dunder deeltien van 't glas heeft kunnen gelijck als uyt gedreeven worden, door de stercke schuddingen van alle de deeltiens des geheelen glas. In mijn wederkomst, als ick over Amsterdam quam, ben ick wederom na dien Wijn-kooper toegegaen, ende hebbe eenige Vrienden met my geleyt die door de begeerten en 't verlangen van dese selfde saeck te sien henen gevoert wierden, die oock eenige roemers, niet sonder verwonderinge, hebben op die selvige wijse sien breecken.

Eer-

Eerweerde Amptgenoot, hier hebt gy 't geen, in dese ondervindinge, hebbe aengemerckt, weerdigh waerlijck een naauwkeuriger opmerkinge: want het verlicht niet weynigh de edele leere van het geluyt der Lichamen, aen welcke uyt te leggen, soo uytnemende verstanden veel sweets hebben gehangen. 'T is dan de pijne waert, de redenen van dit verschijnsel, t'ondersoecken, welcke ick niet twijfele, of hebt overlangh al voorsien, ('t welck is de Scherpsinnigheyt van u verstant) op dat het misschien mocht blijcken dat ick onbequaem was, indien soude voor nemen, by u den verstandichsten ondersoecker van natuurlijcke dingen, van haere oorsaecken te redencavelen, ende in uwe kennisse wijs te sijn; Maer laet ons een weynig met malkander spreecken, terwijl de schade van 't Papier en tijt kleyn is, uwe beleeftheyt, schoon ick wel licht wat beuselen moght, sal soo ick hoop, wel verlof geven.

Laet ons dan eerst het glas selfs gaen aensien 't onder werp van dit verschijnsel. 'T is een Lichaem, gelijck seer wel bekent is, t' samen gevoeght of gemaeckt, uyt sant, assche, en sout door de kracht van een seer uytnemende hitte in eengesmolten, bestaende met eenige vochtigheyt, als het gesmolten wort, die niet seer groot en so wat taeyachtigh, nochtans evengelijck verdeylt is. Waer van daen dat het door de drooghte, soodanigen wijse van een vlies of netje krijght, welck geen buyghsaemheyt noch dunder makinge en lijt, ende oock breeck-baer is, want de uytreckinge vereyst een

Van het aenstucken roepen der Glasen.

eē geweldige vette voghtigheyt. Een voorbeelt is in het loot, 't welcke uyt reckelijck is, soo langh de vochtigheyt van het selvige duurt; soo haest als die tot glas gemaeckt wort, soo gaet de vochtigheyt wegh en komt de broosheyt in plaetse vande uytbreydinge. Siet dit mede in 't Quiksilver, 't welcke door de wasem van gegoten loot dat een weynig gestremt is, of lijn oly alleen, indien die een tijt lang daer heeft opgelegen, dit leert ons, dat men het met een hamer bereyden kan. De broosheyt heeft het glas van 't sout, wiens delen al te stijf en hert sijn, dat sy eenigh lichaem soude kunnen schicken tot de buygsaemheyt: alhoewel dat *Borri* getuygt door sijn ondervindinge dat ter buygsaem sout soude sijn, *libro de ortu & progressu Chimiæ*. Waerom dat niet sonder oorsaeck *Merretus in notis ad Antonii Neri artem vitriariam* P. 268. en *Honoratus Faber* Tract. 7. *Physic. lib.* 2. *prop.* 68. *num.* 3. twijfelen, of daer eenigh glas sou kunnen sijn dat leenigh is, ende het geloof van dit verhael trecken sy in twijfel. of *Borri* inde opgemelte plaets, hoorens, klaeuwen, ende diergelijcke selfstandigheden tegen werpen kan aen haer, treck ick in geschil, want dese wijcken ver af van de aert van 't glas. Wat my aengaet ick sal soo licht niet 't geloof van 't selvige verhael verwerpen: want dit is geheel een anderslagh van glas geweest, gelijck *Borri* wel gevoelt in die plaets, te weten metallich, of berghwerckigh. En voorwaer soo het waer is, dat men hebben kan dat smeerachtigh metael, 't welck seer helder, lijmachtigh, ende niet te verbranden is, waer op dat roemen, de besitters van de groote natuur

tuur kundige verborgentheyt, foo falt voorwaer niet vremt fijn, dat men dat foo vermengen kan met een glas-achtighe ftoffe, dat het kout gemaeckt zijnde, de hamer verdragen kan, 't welcke tot noch toe de metalen alleen, ende dat de voortreffelijckfte, eygen is. Ick fal feer licht toeftaen, dat het glas eenige buyghfaemheyt kan krijgen felfs fonder toedoen van eenige verborgen (Quinta effentia) geeften hier of daer uytgetrocken. En hier van ontbreecken geen ondervindingen. Een geloofweerdig man heeft my verhaelt, datter is geweeft int Hof van *Cafimier* Koninck van Polen, feecker Italiaen, die door feekere geeft een kout glas wift foo gedwee en facht te maecken, dat hy daer van konde gelt flaen, beelden maecken, en het felvige allerley vormen indrucken. Ick heb oock nu onlanghs gehoort, als ick te Londen was, datter in Engelant waren, die defe felfde konft greep bekent was. Maer dit heeft daer na wederom fijn voorige broosheyt aengenomen. Hier blijckt nochtans uyt, dat het foo geheel onmogelijck niet en is, dat men buijghfaemheyt aen een glas kan geven. *Cardanus* heught van een ketingh van glas, in een feeckere plaets, gemaeckt dewelcke hy gefien hadde dat fonder gevaer, tegen de aerde gefmeten wiert, maer datfe buijghfaem geweeft is blijckt niet. En *Alexander Taſſonus* een feer geleert man meynt in fijn boeck, met dit opfchrift, *Penfieri diverf. lib.* 10 *c.* 26. dat het foo grooten fwarigheyt niet heeft, te vinden een buijghfaem glas, ende dat de Italiaenfe glas kunftenaers fulckx wel haeft foude kunnen int
licht

Van het aenstucken roepen der Glasen.

licht brengen 't welck evenwel tot noch toe my niet gedenckt, dat gedaen is. *Mouconisius* heeft oock wel gheleert *in Itinerario part.* 7. *p.* 24. hoe dat een glas buijghsaem soude kunnen worden: te weten, indien het weeck gemaekt wort in aluyn water, en van binnen en buyten met knofloock gestreecken, maer ick vrese, of dit oock, nevens veele andere opgehoopt, niet wel moghte de geeuwende Raven komen te bespotten. Want die dit werck van dese man hebben uytgegeven, hebben, sonder onderscheyt, dese, van alle kanten by een geraepte, schriften in het licht gebragt, welcke de Schrijver in een wel geschickter verkiesinge soude gestelt hebben, indien selver langer had mogen leven: maer wat isser van 't glas, dat sonder vuur, bereyt wort? hoedanigh, ick geleert hebbe uyt de mont van de doorluchten man *Robertus Boilius* dat kan gemaeckt worden, als hy my toestont, dat sijn seer geleerde t'samen spraeck by woonde. Want hy verseeckerde my dat hy hadde in sijn handen gehad gesteentens, niet door het vuur, maer door het water gemaeckt, van sulcken schoonheyt, dat het hem toe scheen, datse met de natuurlijcke selfs streeden om prijs, alhoewel dat hy de hardigheyt van die selvige niet hadden ondertast, 't is evenwel sonder twijfel geweest een stoffe die de natuur van 't glas by quam, misschien isser oock wel iets metaels onder geweest, dat wel te vermoeden is. *Eerweerdige Amptgenoodt*, ick meyne niet dat het u onaengenaem sal sijn, indien ick het gansche verhael van die saeck soo het my van

B 3   mijn

mijn Heer *Boilius* bericht is, fal komen op te heffen, fchoon het foo feer niet raeckt ons voorgenomen, de feldfaemheyt nochtans van defen inhout fal, welckers gherucht, dat ick weet, nooyt is gekomen tot de ooren van de befchaefde werelt (want noch van andere, noch van *Boilius* en is iets van die faeck gefchreven) den foo wat vryer omfwevende genoeghfaem ontfchuldigen. Tot *Londen* was een vremdelingh, die, miffchien by geval, quam in gefpreck met een Engelfen Arts in feeckere Herbergh Terwijl fy onder het drincken te famen praeten, belaft de vremdelingh dat men foude brengen een Drinckvat vol water, daer hy een feer wit poejer inftroyde ende alfoo wegh fette, een uur daer na, miffchien als fy haer bereyden om wegh te gaen, feyde de vremdelingh, als of het hem vergeten was, maer! maer! laet ons fien, wat door ons water is uyt gerecht; de Engelfen Arts ftont feer verfet, als hy gefien heeft, dat al het water was verandert in een vafte en harde ftoffe, welcke aenftucken geftooten hebbende, hadde de vreemdelingh aen den Engelfen Arts eenige ftucken vereert, van wien *Boilius* oock een ftuckje verkreegh ('t welcke evenwel konde gewreeven worden tot poeyer) dat hy voor al verfeeckerde te willen bewaren. 'T is daer na gebeurt dat dien felvigen vreemdelingh naer *Boilius* toeging, ende hem toonde na vele redenen die fy heen en weder gevoert hadden, eenige gefteenten met handen gemaeckt (welcke hy felfs feyde foodanige te fijn) als *Boilius* fich ten hooghften verwonderde

Van het aenstucken roepen der Glasen.

de over die bysondere glinsterende schoonheyt van dese, en datter soo weynigh vlakken van 't vuur ingevonden wierden, heeft den vreemdelingh geantwoort, dat dese noyt int vuur geweest waren, en als *Boilius* hem doen noch meer verwonderde, heeft hy daer by gevoegt sy sijn uyt water gemaeckt, want ick heb een gedaent makende poeyer, dat seeckere vloeyende vochtigheyt, in d'aldervaste selfstandigheyt kan doen verwisselen: dit gerucht is tot Londen gemeen geworden, ende gekomen tot het oor van eenige grooten, welcke, terwijl dat seer naerstelijck na hem vernamen, is de vreemdelingh, om dat hy niet gedwongen soude worden, sijn kunstgreep bekent te maken, vertrocken: 't is voorwaer een gedenckwaerdige geschiedenis aen welckers geloofte twijfelen, seer qualijck gedaen soude sijn, terwijl dat het steunt op soodanigen getuyge. Wat dit poeyer aengaet, 't selvige dunckt my al van vry geheyme oorspronk te sijn: 't gedenckt my voorwaer dat ick gelesen hebbe in de aenteykeninge van den seer vermaerde man *Thomas Bartholinus* van de sneeuw, van een seeckere, die van sneeuw sout konde maecken door welckers toe doen het water soude kunnen gerint worden. Maer van dese soude ick sulcke verborgentheden niet verwaght hebben: dit soude evenwel eenige twijfelingh jemant kunnen aenbrengen, waerom dat de selfstandigheyt van het gerinnen water, als hy eerst het poeyer daer ingesmeten had, gebleven is bequaem om aenstucken gewreeven te worden, ten sy dat misschien de overmate menighte van 't

B 4   poeyer

poeyer 't beletſel waer geweeſt, dat het water geen ſtantvaſtiger hardigheyt konde krijgen, miſſchien heeft een deel van dat gerinnen water eerſt kunnen een andere vloeyende voghtigheyt in een harden ſelfſtandigheyt doen veranren. Sulcken ſlag van glas uyt water gemaeckt, ſoude dan het criſtal moeten ſijn, indien het gevoelen van die gene waer is, de welcke meynen dat het crijſtal uyt ys ende ſneeuw voortkomt. dat dit gevoelen nochtans van andere wort tegen geſproocken ſtaet vaſt, en voornamentlijck door de bygebrachte bewijs reden. Naer *Matthiolus*, *Cardanus*, *Boëtius de Boot*, weerleyt *Thomas Broun* een Engels Schrijver, *Agricola*, (te weten die ſelvige T. B. die de Schrijver is van dat Boeck, *De Religione Medici*) in een ſeer treffelijck Boeck geſchreeven in ſijn eygen tael, nu onlanghs in het duyts overgeſet: *Pſeudodoxiâ Epidemicâ lib.* 26. c. 1. de onnooſele redenen van *Alexander Roſſæus* en ſoude mijn oock niet bewegen, die int wederleggen van *Harveus Baco*, *Broun* en andere ſomwijlen niet ſeeckerder gaet, als wanneer hy die ſtraffende Roey leyt op de dighters, wiens ſin dikmaels niet vat, 't en ſy dat aenmerkens weerdig verhael van een ſeeckere *Muraltus Tigurinus*, van de crijſtal bergen in *Helvetia*, voort gekomen uyt het geduurigh rontom op hoopen van ſneeuw en ys, 't welcke ſtaet *In actis Coll. Regii* P. 982. 't oude gevoelen beveſtighden, 't welck daer en boven de opmerkingen van *Laurentius Pignorius* niet weynigh bekrachtigen *in Sijmbol. Epiſtol. Epiſtol* 15. van een druppel waters, hairen, veſen, mos die van binnen

in

Van het aenstucken roepen der Glasen. 25
in de groeyende cristal steen sijn: met welcke
iets van gelijcke aert verhaelt. *Nierenb. Hist.
Nat. lib.* 16. *C.* 21. Maer laet ons dese geheymenissen laten varen, ende komen wederom tot ons dagelijckse. Ons glas, gelijck wy
geseght hebben, is brosch, ende dat door de
t'samenvoegingh van de minste deeltjens,
welcke broosheyt selfs genoegh saeme getuygenisse geeft van de toghtgaten van 't glas, welcke ick verwondere, dat van sommige kunnen
ontkent worden. *Cartesius* seyt dat het daerom
breeckelijck is om dat de oppervlacktens, omtrent welcke dat des glas deeltjens malkander
raecken, alte geringh en kleyn sijn: 't welck indien het waer is soo sullender voor seecker leedige plaetsiens gelaten worden. D'onderaertighe deeltjens van 't glas, waer door het
wort gemaeckt, en kunnen oock voorwaer
soo nauwkeurigh niet bequaem ghemaeckt
worden, datter op het laest niet eenige verbeeldingen, ende ledigheden in blijven. Ick
hebbe oock selfs eenige reysen ghesien, dat
het glas door sterck en heftigh blaesen waer
door het t'samen ghehouden wiert, soo was
beknabbelt, dat, waer de wint daer uyt
borst, het glas met de hant aengeraeckt soo
fijn als sant wiert. Ick heb oock ghesien dat
de leedige plaetsiens van 't glas soo beset waren alleen van de overgebleve levende kalck,
dat men door geen kunst de selvige daer konden uyt doen. Ick heb eertijts gelesen in een
Engels geschrift, waer van my de Schrijver nu
niet voorkomt, dat hagel gedaen in een glas,
als die tot water dan ghemaeckt, wiert, het

meeste

meeſte deel van dat ſelvige door het glas heen gedrongen is, waer toe oock behoort de opmerckinge van de Heer *Hyddens* waer *Borrichius* in het by gebraghte Boeck p. 118. van gewagh gemaeckt heeft, van d'alderdunſte glaſe bolliciens, hoe dat een gemeen water daer ingegoten, door gedrongen is. *Eraſmus Bartholinus* in de redeneeringe van de ſweetgaten der Lichamen, wijſt hier door de ſweetgaten van 't glas aen, dat de opper-vlackte van 't glas begooten met eenige vochtigheden, daer van nat wordt, ende dat de vliegen, ende andere kleyne gediertens daer niet over heen kunnen gaen ofte kruypen. Maer dit kan wel geſchieden, om dat de oppervlacktens rouw en ſcherp zijn, maer niet om dat de ſweet-gaten het gansche lichaem doorgaen. Dit heeft *Honoratus Faber* door ſijne ondervindinge bewesen, dat d'oppervlackte van 't glas ſoo effen en glad kan ghemaeckt worden, dat de vliegen onmogelijck daer op ſouden kunnen ſitten of hechten. 't Oordeel ſoude vry wat ſeeckerder zijn, indien waer is, 'tgeen deſelve *Bartholinus* by brenght, dat de alderminſte uyt vloeyinge van de alderſubtijlſte of dunſte geeſten kunnen door de glaſe ſchalen of fleſſen, ſelfs die met verheven beeldekens zijn, gelijck ſy het noemen, henen dringen, dat men door de reuck kan gewaer worden. Eyndelijck het ys aen een glas gelecht, en ſoude oock geen koude het ſelvige kunnen toebrengen, noch de ſneeuw gelecht boven op een glaſen helm, die nauwkeurigh op een ander glas ſluyt, de geeſten

sten uyt de wijn in dat glas kunnen haelen, soo datse druypen uyt de beck van den helm sonder toedoen van 't vuur, indien daer geen sweetgaten in 't glas waeren, dat de Groot-Hartogh van Toscanen heeft ondervonden. Voeght hier noch by 't geen men heeft uyt *Magnanus*, van het doordringen van 't Quick-silver door een glas; ende 't geen *Schottus* verhaelt *Technica Curiosa lib. 5. pag. 250.* van de verwingh van 't yser, dringende door het glas als het maer de seylsteen geraeckt heeft. Terwijl dat het dan seecker is, dat het glas sweetgaten heeft, heeft het die selvige, en van de eerste t'samen-vlechtinge, welcke ick seer kleyn en geringh acht te zijn, en van de deeltjens van de lucht, dewelcke het door het blasen van de kunstenaer worden aengewreeven: want dese doet niet weynigh tot het plaetsen van de deeltiens in het glas, om dat en de luchtige deeltiens selfs by sich selven doordringender aengedreeven, seer licht sich laet sien binnen in een gloeyende stoffe; waer van daen dat oock komt de onevengelijckheyt van d'oppervlackte int glas, ende een seeckere rontom legginge van de deeltiens, die in het effen gemaeckte recht is. Soo heeft *Borellus* al over lang die kleyne rechtlijnige spleten gemerckt door een vergroot glas, en hier van daen sijn gemeynlijck de breucken recht lijnigh, soo wanneer de glasen scheuren, ende komen voort gelijck als uyt seecker middelpunt, alwaer eenige t'samen vloeyinge van de bewogen deeltiens, ende die trachten uyt te breecken, aendringht: maer ronde breucken sijnt, soo
wan-

wanneer door de ftem van een menfch die algemeyne beweeginge van de inwendige deelen in een ront glas wort waer genomen. Den feer geleerden man *Hoockius in Micrographia fua obfervat.* 7. heeft oock aenghemerckt datter ronde breucken in een diftilleer of affypend glas fijn, buyten welcke, niemant foo naauwkeurigh de verfchijnfels van dit glas heeft onderfoght, maer 't was te wenfchen, dat door de overfettinge van dit feer treffelijck Boeck uyt het Engels in een bekender tael de vrucht daer van tot meerder burgers van de befchaafde wereit moghte uyt breyden. Daerenboven doet oock tot de gefteltenis van de fweetgaten feer veel, en die uytterlijcke lucht of eenighe fubtijlder of fijnder ftoffe, vaft befich fijnde fich in te dringen in het glas, terwijl het uyt die byfondere hitte in een oven wert geleyt, die foo heet niet is: 't welck blijckt uyt die glafe fleffen, de welcke kout geworden fijnde, in haer eerfte vorm, daer fy gloeyend fijnde in wierden gevormt, niet weer kunnen ingeflooten worden: daer het nochtans in de metalen is, dat die gloeyende gemaeckt fijnde, fwellen, gelijck men kan fien in een fleutel, de welcke, terwijl fy gloeyend is, niet en kan in het gat van fijn flot. Soo kan men oock bemercken de krachten van de om en doorgaende lucht in de Metalen, welckers oppervlacktens ende fweetgaten het oock verandert, want leght eens een fchoon papiertje by een gloeyende coopere of yfere plaet, ende gy fult fien dat de deeltiens met eenigh geruyfch daer op fullen fpringen. Gy fult dit oock bequaem

merc-

mercken in die yſere plaeten, daer men de mont van den bern oven gemeenlijck mede toeſluyt, die gy ſult ſien dat dan gemeenlijck ſiſſen, en ruyſchen, alſer een kouder lucht tegen aen komt, en allenskens wegh genomen wort; die leeſt in het boeckje van *Boilius de Coſmicis qualitatibus*. Hoe dat een ſtaaf yſer, alleen om dat het langen tijt geſtaen heeft recht over ent by een venſter, of om dat het gloeyende ſijnde gehouden is geweeſt tegen 't Noorden of tegen 't Zuyden, daer door kan gegeven of wechgenomen worden, aen, of van het ſelvige t' vermoogen van ſich te keeren naer het Noorden, ende dat door de inſchuyvinge alleen van de uytterlijcke lucht inde ſweetgaten, dien ſal wel licht bekent worden, des luchs macht omtrent het veranderen van de ſweetgaeten der Lichamen. Daer is dan in de ſweet gaten van 't glas lucht, of eenige fijnder ſtoffe des luchts, door eenigh gewelt en met macht daer, gelijck als in een gevangenis vaſt gehouden, welcke haeſtiger en lichter uyt breeckende, als ſy noch niet en is gebracht tot ſeeckere ſtaat van ruſt door een aghter eenvolgende verkouwinge, ſoo breeckt het glas. Waer van daen dat komt dat ſulcke glaſen ſeer licht worden ghebroocken daer een koude lucht in komt, of een kouder om haer henen ſweeft: ende ick geloof oock dat die haeſtiger door de ſtem, alſchoon ſwacker, worden gebroocken, als die by trappen ſijn kout gemaeckt. Men kan oock in deſe aenmercken de lichte beweginge van de innerlijcke deelen, 't welcke blijckt uyt die amberachtigheyt alleen

leen, soo sy het noemen, de welcke het glas met het Amber gemeen heeft: dat ick nu swijge van de uytmuntingen der siltige deeltiens, diemen dickwils verneemt in de oppervlackte van 't glas, als men het met de tong aenraeckt, ende andere ondervindingen van een gebrooken glas, de welcke, dien vermaerden *Boilius* optelt in sijne seer treffelijcke redeneeringe *de absoluta quiete in Corporibus*, welke die se gelesen heeft, en sal niet meer twijfelen aen de innerlijke beweegingen van de deeltiens in het glas. Voornamentlijck terwijl dien seer scherpsinniger wijsghier gemeynt heeft, dat hy vermerken kan datter eenige beweegingen sijn in Lichaemen vry wat stercker aen malkander gehecht, te weten gesteentens, ja selfs in de Diamant. Brenght hier mede over een 't geen dien selve Schrijver verhaelt van de vlecken welcke veranderen in de Turkois. *Libro de Coloribus* P. 428. Dit en sal ick niet overschrijven, terwijl de Boecken in yders handen sijn. Hier kan men noch byvoegen 't geen *Bulengerus* verhaelt *Lib*. 1. *de ratio divinat* C. 5. Van de steen van *Leo* de X, wiens verwe, naer de loop van de maen, verandert is geweest: ende van een andere van *Clemens* de X. in welcke dat een vleck omgedreven wiert oostelijck als de son rees, ende westelijck als sy daelde, nae haer beweeginge. Welcke dingen alle verbeelden een beweeginge, selfs die uyt sich selven en vry willigh is, van de alderminste deeltiens en dat in de aldervaste, en hartste Lichamen (waerom dan oock niet in een glas?). de sweet gaten der glasen dan toegestaen sijnde ende de be-

Van het aenstucken roepen der Glasen.

beweginge van de alderkleynste deeltiens, of des luchts, of van de fijnder stoffe tusschen de vlechtingen van de t'samen-gestouwde deeltiens van 't glas, soo volght hier uyt, dat de lucht-deeltiens besloten in het glas, bewogen kunnen worden van des Hemels uyterlijcke lucht, gaende over de sweetgaten van 't glas. Maer dit is voornamentlijck wonderlijck, waerom dat de beweeginge van de lucht bepaelt in een seecker geluyt van de stem, bequaem is te bewegen de deeltiens van 't glas, ende dat soo krachtigh, datse het glas breeckt. Waer van, op dat men eenige reden soude kunnen geven, is het noodigh dat men de natuur van het geluyt wel kent; de gansche reden daer van, bestaet in de beweginge des luchts, soo wel die besloten is binnen in het lichaem der geluyden, als die uytterlijck is ingedruckt, dewelcke is beroerende of rollende. Die beuselen dan, dewelcke willen datse een selfstandigheyt is. Maer dese dingen zijn genoegh ondersocht, ende worden door geheele boecken van de geleerste Mannen onderwesen ende geleert. Men siet in een nauw-besloten kamer de bevende beweegingh van de flam in de lampen, ja dat selfs de roock van die, sich schickt na de maten der snaer-speelen. Daer wort oock aengemerckt dat die geene, welcke dansen nae een ende die selvige geluyden der snaren, zijn gelijck als ondeelige (dat is seer kleyn) in die strael van de Son, die door een gat, binnen een duyster en besloten plaets in schijnt. Dit teyckent men oock aen, dat de oppervlackte van 't waeter krinckelende wiert, als
net

niet verre daer van daen op het een of ander
fnaren-fpel, gheftreecken of gheflagen wort.
Welcke dingen alle getuygen van de beweginge der alderminfte deeltiens in het geluyt. Ick
fal hier met verlof van den Heer *Morhof*, terwijl fulcks de vertalinge anders niet mede
brenght. Dit voorbeelt, tot geen kleyn bewijs
van 't geftelde by brengen. Een Fiool wel op
fijn mate of behoorlijcke toon geftelt zijnde,
fchoon dat felfs oock buyten alle mate wan-
luydigh was, hoe die wiert aengemerckt, fal
d'ondervindinge iets wonders verfchaffen;
leght defe in een van defe twee geftaltens op
een tafel, ende hecht aen de fnaren kleyne pa-
piertiens, fonder dat die evenwel de gront
raecken van de Fiool, als fwevende, buyten
dat fy de fnaren raecken, byfonderlijck haer
hechtende op die plaets van de fnaren daer gemeenlijck geftreecken wort, neemt dan een
ander Fiool, fonder dat gy weet of d'ander op
de tafel leggende op fijn toon en mate is geftelt,
ende ftrijckt ondertaftende op die fnaren, fult
foo haeft gy de felvige toon van een fnaer van
de Fiool die leyt, grijpt ende raeckt op u Fiool,
die inde hant hebt, bevinden dat het gehechte
papiertie op die felvigen fal bewegen, ende alle na malkander alfoo fiende bewegen, ver-
feeckert fijn, dat defe twee Fiolen in toon over
eenkomen, nauwer felfs als het gehoort anders moet onderfcheyden: fulcks heeft plaets
niet alleen, gelijck gefeght is, in een geftelde,
maer oock felfs die ongeftelt is, wiens wan-
geluyden foo fy worden getroffen, fullen defe
felfde beweegingen fich evenwel openbaren,

foo

Vat het aenstucken roepen der Glasen-

soo dat men door het geluyt van de snaaren van die Fiool, die men heeft inde hant, soude, daer na hoorende, kunnen sien of die andere Fiool gestelt was, sonder selfs sijn geluyt te hooren. Wederom komende tot het gheschrift van de Heer *Morhof* seght hy, hier komt het van daen dat de snaren even dick, en even seer gespannen, te gelijck opspringen, als maer een van die selvige wort gheraeckt: want als de bewogen lucht stoot tegen de evengelijke gespannen snaren van een en de selfde dickte, so brenghse die eenige beweeginge toe, maer niet na degelijckmatigheyt minder: want de snaren van het diepste geluyt, terwijl datse dicker sijn, ende minder gespannen, worden trager bewoogen: maer die sterken geluyt geven, hebben naeuwer uytgangen van hare beweginge als die haer soude konnen raecken ende doen schudden. De beweginge van de hoogste snaren of bovensang, terwijl die stercker en stijver gespannen sijn, is te swack om die selvige, soo veel men sien kan, te versetten. Iets diergelijckx wort men oock gewaer in de glase Roemers. want indien dat gy acht van die buijckige nevens malkander set, en soo danigh dat in yder water gietende malkander in geluyt tot op de achtoon volgen; soo sult gy sien, indien met een natgemaeckte vinger over de rant van een glas strijckt, dat in die glasen die eenstemmighlijck met dit luyden, het water minder of meerder, na datse dicht omtrent het selvige staen, gerompelt wordt, ende inde wanluydige stil blijft, welke verborgen t'samen spanninge van een en de selve geluyden, men leeren kan uyt *Vitruvius*, lib. 5. c. 5. dat oock aen de oude niet onbekent is geweeſt; alwaer hy wijtloopigh handelt van de vacken, en hollighe-den van een toneel: hoe dat men die plaetſen moet nae de gelijckmatigheydt der toonen, op dat de weerſlagh van 't geluyt grooter ſy: waer van ghy, *Eerweerde Amtgenoot*, my nu onlanghs vermaende, als wy onder malkander van die ſaeck ſpraecken. Dit brengh ick oock wederom in mijn gedachten, wat u gebeurt is, blaſende ſeecker toon op een Fluyt, met welcke gy aengemerkt hadde, en dat in het lemmet van een hangende lamp, een medeluydingh van die ſelven toon te hebben een kopere plaat. Ick wil die dingen hier niet ophoopen, de welcke *Kircherus in Muſurgia*, en die voorbeelden, die andere hier en daer bybrengen: want ſy ſijn ſeer wel bekent, ende de ſeeckerheyt daer van noch het geloof en is niet genoegh nae-gevorſcht: maer nu daer is een andere reden van 't geluyt, als het geſchiet door een Fluyt, of trompet, of eenigh ander ſpeeltuygh daer men op blaeſt; een ander als het wordt gevormt van de lucht-pijp der menſchen of beeſten; een ander als het komt van een klock, glas, of eenigh ander geluyrgevend-lichaem, het is oock niet een ende deſelve, de beroerende of rollende beweeginge van de lucht, gelijck ſulckx ſeecker ſeer geleert man meynt, maer 't is noodigh, datſe in geſtaltens wordt onderſcheyden: Dat is, waer den aenval ende de tegenſtootinge die rollende beweginge verandert: maer hier in ſcheynt de ganſche gelegentheyt van 't geluyt over een

Van het aenſtucken roepen der Glaſen.

een te komen, dat het ſich ſchickt nae de mate van de middel-lijn, of omtreck: alhoewel dat de geſtaltens van de bewoogen lucht onderſcheyden zijn, en veranderen, nae de geſtalte van het geluyt gevend-lichaem, ende de weer-ſlagen van die beroerde lucht in dat lighaem. Alle deſe dingen ſijn klaeder en openbaerder in het geluyt van de ſnaren, ende genoeghſaem bekent, 't geen *Galilæus*, *Merſennus*, en andere van die dingen gewijſgeert hebben, uyt de beweginge van 't geen aen een coorde hanght, ende andere wiskunſtige redenen; welcke op haer wijſe oock tot de andere lighaemen die geluyt geven, kunnen toe-gepaſt werden: Want in de geluytgevende lighamen, de welcke of van de natuur of door kunſt ſoo ſijn t'ſamen gehecht, ende toegeſtelt, is een ſeeckere uyt-reckinge, ſoo van de deelen des lichaems ſelfs, als van d'alderfijnſte ingeſlooten ſtoffe. Dit heeft niemandt beter uytgelecht, als *Joh. Alphonſus Borellus* in ſijn boeck *de Vi Percuſſionis*, de welcke, cap. 26. & cap. 31. leert: dat alle t'ſamen gegroeyde lichamen, ſelfs de harde, en onbuyghſame t'ſamen-gheruckt worden uyt buyghſame deeltjens, van welcke eenighe waernemen het amt van de Hef-boom; andere van de Bytel; andere uytgebreyt zijn tot de mate van een plaet; andere ghelijck als armringen worden omgeboogen: tuſſchen welcke ontallijcke plaetsjens zijn, in welcke ſy ſouden konnen geboogen worden, en op de wijſe van eenigh gereetſchap te rugh ſpringen, waer uyt die toeparſinge ende verlenginge of uytspreydinge nu spruyt, de welcke op de wijse van 't geen aen een coorde hanght, hervat wordt, ende waer uyt dat die bevinge in de lighamen is, wijst hy noch verder aen *Propos.* 97. Nu die lucht, ofte fijne stoffe, de welck daer is in die plaetsjens, wort even ghelijck toegestelt uyt de te rughspringende ronde kringen ofte wercktuyghjens, door welcke kracht van te rugh-springen wy sien dat de aldersterckste lighamen gebroocken, en de swaertens met groote kracht uytgedreven worden, gelijck als blijckt in die wint-boogen. Voorwaer dat vermoghen van te rughspringen dat daer is, in het algemeen t'samen-stel van de lucht, dat behoort oock aen d'alderkleynste deeltjens, voornamentlijck indien sy daer in beslooten zijn. Daer in te weten, sal yemandt seggen te bestaen een seecker gevoel van de ontzielde dingen, welck door een geheel boeck *Thomas Campanella*, alhoewel op een andere wijse bevestight heeft. 't Is waerschijnelijck, dat een glas mede bestaet uyt ontallijcke sulcke ombuygingen, gelijck armringen, maer niet soo buyghsaem: dat men oock kan gewaer worden uyt die ondervindinghe van *Hookius* in het distilleer of afsypend glas, daer wy hier boven hebben gewagh van gemaeckt. Welcke beginselen of grontslagen indien wy toestaen (want de klaerblijckelijckheydt selfs van de saeck ons sulckx ghebiet toe te staen) blijckt hier uyt lightelijck, wat voor een uytbreydinghe der deeltjens inde geluytgevende lighaemen zy. Want de buyghsame werktuygen van een ge-

luyt-

luytgevende lighaem worden toegedrongen en t'samen ghepaft, waer door voornamentlijck de bergh-wercken beftaen: ghelijck men vermercken kan, terwijl fy fchuyl leggen in hare Mijn-ftoffe, gelijck als door ftremen verfpreyt, de welcke het giet-vuur daer nae vafter t'famen voeght: t'Samen met haer wordt oock vaft in een gedrongen de ingeflooten lucht, ende die buyten de toghtgaten gedreeven, beweeght de uytterlijcke lucht in oneyndige omfwevingen: maer die, welcke binnen de grootfte omdraeyinge bewooghen wordt, welcke de ront-omgaende vatbaerheydt van een geluytgevend lichaem bepaelt. Welcke omdraeyinge indien fy voort komt van het flaen op een kloot of kegelaghtigh lichaem, wordt fy t'famen gedruckt in een langhwerpigh ronde geftalte, ende wederom in een rondt hertrocken. Dat men klaer kan fien in een glafe roemer vol waters, op welcke indien dat men klopt of flaet, of met een vinger allenskens afdaelt op de bovenfte rant van de felvige, fult gy rumpelen in het water fien, in een groot getal in langhwerpige ronde gedaentens verdwijnende, en in krings-ronde wederom te voorfchijn komende. Maer dan, foo wanneer de rant van 't glas met de vinger gewreven wort, wort de opper-vlackte van het water in het rond' bewoogen, door het vervolgh van 't geluyt, en d'overftortinge van 't water uyt het gedeurigh tegen-aenflaen of wrijven veroorfaeckt, waer uyt dat men wel giffen mach hoe overvloedigh veel van fulcke fijnder ende meeft aenporrender golfjens in 't alderfijnfte ende fuyverfte midden, te weten de lught worden toegeftelt, uyt defe ondervindingh blijckt oock, wat voor onderfcheyt datter in de geluytgevende lighamen is, terwijl door het midden het geluyt fwaerder of dicker voort gefet wort, welck onderfcheyt oock na de meerder of minder dickte verandert: Even foo is de beweeginge vry ftercker en verweckender in de geeft van de wijn ingefchoncken zijnde, jae foodanigh, dat de druppeltjens by na een elbreet uyt het glas verfpreyt, ende in het midden van de voghtigheydt eenige bobbeltjens gelijck als in een drayinge in 't ront vergadert worden, dat ghy in 't water niet fult vermercken dat foo gefchiet. In Bier, Oly, ende andere dicker voghtigheden, en wort de minfte rumpelingh, niet gevonden, ende fulcken glas geeft oock bedompter geluyt; het felvige geeft oock flaeuw'lijck geluyt op die toon, die het hadde, alffer water in gegoten was, indien gy door de ftem van 't Octav het felvige beroept: daer het noghtans veel ftercker op het geluyt van een trompet mede klinckt, ende met meerder kraght het water bewoogen wort. Op die wijfe fal men lightelijck de naeuwkeurige mate van het felvige bekomen, indien men de bevattingen van de glafen, ende 't gewight ofte de hoeveelheyt van de voghtigheyt onder malkanderen vergelijckt. Ick heb aengemerckt, in een kegelaghtigh glas van middelbare groote, tot de rant toe vol gegoten met water, dat het geluyt tot een octav dieper of fwaerder wordt: maer vry

minder

Van het aenstucke roepen der Glase.

minder in andere, nae haer gestalte ende bevattinghe. Hier van daen is 't dat een keghelaghtigh glas by na half vol water gegoten, het geluyt een toon swaerder is, 't welck altijdt nae het vermeerderen van 't water, door de minste tusschen-val meer wordt verswaert; Waer van dat dit de reden is: dat, terwijl datter een minder schuddinghe of beweginge is omtrent de voet van het glas (voornamentlijck een kegelaghtigh; want het is anders met die lange ronde glase gelegen op onse wijsgheseyt fluyten) een meerder omtrent het midden; d'aldermeeste omtrent de uytterste kant, by die trappen oock het geluyt swaerder wort. Dit siet men oock even al-eens ghebeuren in de Metale Drinck-vaten waerom dat ick my noch te meer verwondere over dien seer voortreffelijcken wijsgier *du Hamel de affectionibus Corporum*, lib. 1. c. 10. *extremo*, dat hy het tegendeel schrijft: dat, hoe dat 'er meer water in het glas is, terwijl het water door de vingher in 't ront ghedraeyt, omgekrult wort, 't geluyt scherper gemaeckt wort, om dat dan de beweginge in het water snelder is, ende hoe veel minder water dat 'er is, dat, soo veel 't geluyt swaerder is. De ervarentheyt strijdt immers recht daer tegen, 't is een hele andere gelegentheyt van beweginge in een Fluyt, daer die selve schrijver aldaer een voorbeelt van voor-brenght, *Baco Verulamius* is oock altevoren in die dwalinge vervallen geweest. Dese seyt soo, *in sylva sylvarum, seu Historia Naturali*, Cent. 2. observ. 183. Vult een glase drinck-vat, bysonderlijck dat onder

C 4 *wat*

wat nauw is, ende boven wat wijt, met water, ende geeft een knipflagh op de kant van het felvige, daer na het water meer en meer by verfcheyde reyfen uyt-gegoten, foo onderfoeckt gedurigh door het knippen de toon, ghy fult voelen dat het geluyt afneemt, en hoe de beecker lediger wort, hoe de toon fwaerder wort. 't Welck volkomen niet waer is. Ick fie oock dat *Kircherus* in *Mufurgia lib.* 5. 't felvige feght, maer van hem verwonder ick my niet: want hy is gemeenlijck gewoon 't gevoelen van andere te volgen. Die tegen de rant van 't glas aen-ftoot, hoort fomwijlen een valfche toon, maer onveranderlijck, de welcke voortkomt van de voet van 't glas: want foo die breedt, en hol is, heeftfe een geluyt van het glas felfs onderfcheyden, ende wort altijt voor 't eerfte ofte uytmuntenfte geluyt van 't felvige gehoort, ten fy dat ghy onder aen de voet 't glas met uw vingers vaft hout, door 't welck dat de doorgangh van de beweginge tot de voet belet wort. 't Gebeurt oock in glafe roemers, dat na de verfcheydentheyt van de geftalte, de geluyden verfcheyden zijn: gelijck als men in de klocken fiet gebeuren, die op een gemeene wijfe gemaeckt worden: Want fy hebben alle meer als een toon, ende fy luyden oock anders, als men daer op flaet aen de uytterfte kant, anders als het in het midden gefchiet; anders als men die raeckt boven op de top: want fy beftaen niet uyt een enckele geftalte, maer worden door een krul-lijn omgekromt: maer de fterckfte uytreckinge ende beweginge der delen is in de uytterfte kant, alwaer dat fy oock het dickfte zijn, ende de meefte bevattingh is.

In-

Van het aenstucken roepen der Glasen.

Indien men aenmerckt de gestalte van een glase roemer, die door een stem gebroocken is, die helt eenighsins na het langhwerpigh, en ey-ront, wiens vervullinge sy vertoont: want op die wijse worden die glasen gemaeckt, die wy in de duytse tael roemer noemen. Maer haer gestalte terwijl dat die enckelder is, als van een klock, verandert sy haer geluyt soo niet, ten zy dat daer in is een oneven gelijcke dickte, of *temperature*, dat is, matigingh. De deelen van het glas selfs worden soo veel te meer uytgereckt, als de lucht meerder binnen de holte van 't glas is besloten, dan in een klock, ende door een kloppinge aengedreven, wort het in sich selven omgeboogen, 't welck omtrent het midden van het glas geschiet, omtrent welcke, om die oorsaeck voornamentlijck de mont van den roeper moet gehouden worden, ende het is oock maer van die groote, dat het door sijn overstalligheyt het trachten van den roeper niet overtreft: want nooyt en hadde desen Wijnkooper het selvige in een groter glas ondersocht, alhoewel dat ick geloof dat het daer in oock wel soude gelucken, voornamentlijck indien de stem stercker was: want dit heb ick naeuwkeurigh waergenomen, datter veel aen gelegen is, door welck geluyt, helder, of duyster, gy het geluyt van 't glas beroept. Indien de stem van de klinck-letters A. E. I. het geluyt uytdruckt, so sal nooyt het glas soo sterck geluyt gheven, als soo wanneer als hnylende de Italiaense U. het voorbrenght, want dan beeft ende klinckt het veel heviger, ende oock verder daer van daen: 't welck ick in een vierkante

kante glafe tafel heb aengemerckt, welckers toon als ick onderraft hadde, liet ick jemant een van de uytterfte hoecken vaft houden wel 50 voet van my af zijnde, recht tegen my over, fodanigh nochtans dat het geluyt van mijn ftem lijnrecht konde dalen op het middelpunt van de tafel. Wanneer ick doen dit geluyt, even als huylende, maeckte d'octaef of achttoon, verfchillende van het geluyt van de tafel, ghelijck als in het breecken van een glafe roemer, * klonck de tafel helder genoegh, foo dat ick felfs het konde hooren. 't Welck naulijcks gefchieden 20 voet daer van daen ftaende, fchoon een h elderder geluyt gaf, als de klinckletter A. E. of I. daer by quam. Van welcke faeck de rede'n hier in beftaet; dat foodanigh geluyt, door de rondigheyt des monts, ende de uytgangh van de wint uyt feeckere holte, binnen welcke datfe omgekromt wort, gelijck als vaft in een gemaeckt, en met eenige blafinge uytgegeven, wort; welck niet en gefchiet in die helderder, die uyt een open keel komen. Daerom geven de hoorens een korter ineen gedrongen geluyt, om dat het felvige foo dickmaels in de hol te omgewrongen is, ende worden oock verder gehoort, als trompetten, dewelcke rechter zijn, ende omtrent het eynde een

* Hier komt ons wederom te vooren het geen wy in de aenfpraeck aen den Leefer den Drucker van het Latijnfche voorbeelt hebben aengewreven, 't welck op meerder grontveft het volkomen gevoelen van den Schryver te zijn, kan geftelt worden, ende daerom verwerpende het felvige, feggen wy, dat dit hier foodanigh moet gelefen worden, gelijck wy in het 12 bladt hebben aengewefen, terwijl de ondervindingh ons niet anders kan verfchaffen, alhoewel den Schryver hier na noch breeder van defe achttoon fpreeckt.

Van het aenstucken roepen der Glasen.

een hollicheyt hebben by trappen uytgebreyt, ende genaecken also het geluyt van de klinck-letter A. soo dat de gestalte selfs van de letter ⊲ de maeckinge van haer geluyt, ende de gedaente van het uytterste van de trompet verbeelt; gelijck U of 𝒰 de hollicheyt van de hoorn, ende de gedaente van haer geluyt vertoont, voortkomende uyt een ront getrocken mont. De dwars-lijn in de ⊲ schijnt gelijck als te verbieden, dat die andere lijnen niet nauwer by een komen, ende geeft eenighsins die kracht te kennen, door welcke de lijnen van de gheluyt-gevende wint worden uytgereckt. Om die selvige reden wort de stem van een Havick verder gehoort, als van die dieren, dewelcke helderder uyt schreeuwen. De oude Duytschers hebben oock dit geweten, dat de stem in een oorloghs of velt-geschreeuw sich volder en swaerder opgeeft, als sy de beuckelaers tegen haer mont aenhouden (daer *Tacitus* getuyge van is in sijn boeck *de moribus Germanorum.*) Soo kan men dan in dese onse ondervindinge sien, wat voor een t'samenspanninge dat daer is in de gelijcke geluyden soo verre van malkander, en misschien noch verder, daer het verschillende geluyt van de stem, alhoewel veel stercker, gansch geen geluyt in de tafel en geeft. Met een glase roemer, soo ick meyne, soude het op sodanigen tusschenwijtte niet lucken willen, want de vlackte van de tafel ontfanght meerder de aenkloppinge van de lucht, als die omgekromde ronte in het glas. Ende ick twijsel oock niet, of de tafel soude op die selvige wijse als een glas kunnen

ghe-

ghebroocken worden, want fe alfo fterck als een glas klinckt, voornamentlijck indien ghy u mont aen het middel-punt van de tafel hout, want in de andere deelen is het geluyt fwacker. Dit heb ick oock aengemerckt, dat inde tafel onderbeurtige geluyden t'famen klincken, indien ghy de felvige door de ftem voorbrenght, het voornaemfte gheluyt evenwel eenighfins mede-klinckende. Want yder blafinge geeft wel eenigh geluyt in de tafel, maer het is foodanigh dat men het nanwelijcks vermercken kan, want defe flaet maer tegen het buytenfte van 't glas aen, maer het binnenfte en raeckt of verrucktfe niet. Ick meyne, dat uyt defe dingen, dewelcke wy wijt-loopigh hebben geredeneert, genoeghfaem blijckt, welcke de oorfaeck is dat een glas breeckt: want voor eerft toegeftaen zijnde fodanigen aert van ftoffe, beftaende uyt een weynigh buyghfaeme ronde ombindingen, en oock dat, dat die felvige kunnen bewoogen, ende t'famen ghedruckt worden, door iets datfe van buyten bedwinght, ende die lucht-golfjens, foo kan 't gefchieden, dat de deeltjens boven het vermogen van haer uytwijcken, toegedruckt, van malckander af fpringen, ende de lucht felfs met feeckere kracht uytbarftende, 't glas felfs doet breecken, en dat aen die kant, die 't aldermeeft van d'aendringende lucht gepranght wort. 't Is oock niet nodigh dat het glas in veel kleyne ftuckjens van malkander affpringht, gelijck als het gefchiet in een diftilleer of affypend glas, terwijl dat de ronde banden die malkanderen raecken door een

rechte

Van het aenstuckent roepen der Glasen.

rechte lijn gebroocken zijnde, aen de andere plaets gegeven wort, om sich selven wederom te recht te brengen, ende de beweginge hout op waer de volherdinge afgebroocken is. Dat sulcks niet en geschiet door een enckele knip-slagh, is dit de oorsaeck, dat dese beweginge van de deeltjens swacker is, als die van de slagh van de lucht, benauwende de binnenste deelen van het glas door een gedurige uytreckinge sonder ophouden, hier komt noch by, dat de werckinge selfs, ende de kracht van 't slaen by sich selven, door de aenhoudinge, grooter wort. De selfde reden is oock inde ommekringen of bindinge van de t'samengegroeyde lichaemen, eens bewogen zijnde, dewelcke daer is in het geen dat aen coorden hanght, want indien dat men de tweede stoot geeft aen het selvige in het te rugh komen, so wort die aendringende kracht verdubbelt, ende groeyt den aenval door de derde, vierde, vijfde en meerder soodanigh aen, dat het eyndelijck komt te breecken. Ja de klocken selfs zijn niet vry van breecken, indien, als'er op een stip van de uyterste randt geslagen wort, jemant op een ende die selvige tijdt slaet op die stip die daer tegen over is. Want op een ende die selvige tijdt worden de kringen t'samen geruckt ende ontvouwt, waer van daen, uyt de tegenstotinge van die twee evenstercke bewegingen, de breuck sal geschieden. In dat deel van soodanigen glasen roemer daer de ronde bocht is, zijn de tochtgaten opender, als onder in het holle; het welck niet alleen waer is gelijck *Borellus* aenwijst *Propositione* 104. in de om-ghe-

ghebooge glafe plaeten, maer oock in die glafen, door het inblafen uytgeholt; op dat alfoo dan die luchtdeeltjens, even ghelijck als eenighe kleyne wiggen de tocht-gaten breeder, jae tot breeckens toe foude konnen uytrecken of fpannen. Daer-en-boven alle die lichaemen, de welcke gegooten zijn, fchijnen rechter tocht-gaten te hebben, terwijl dat fe foo licht van een gheruckt konnen worden of breecken. De ghegoten Metalen of berghwercken breecken oock eerder, als die door de hamer ghemaeckt of ghefmeet zijn, om dat dan door het heevigh flaen de rechtheydt van de tocht-gaten ontroert is; waerom dat dan, gelijck wy gefien hebben, daer in geen fwarigheydt en fteeckt, dat het glas foodanigh in fijn deelen gefchickt zy, dat de beweegende lucht daer binnen ingaende, die van fich felven afgeruckt, en het glas alfoo kon gebroocken worden. Laet ons liever dit eens neerftigh gaen aenmercken, om wat oorfaeck dat felfs het alderminfte van het glas niet en wort beweeght tot breeckens toe, dan alleen door een ftem, de welcke een achttoon hoogher is, als de toon van 't glas. * De glafen worden langhfaemer bewoogen, door de ftem van een gelijcke toon, als foo wanneer de achttoon of 't Octav daer by komt,
welcke

* Ick verwonder my dat fulcks van den fchrijver hier wort gefeght, 't welcke my oock heeft bewogen tot verfcheyde malen toe de ondervindingh daer van te gaen fien by die gene welcke de glafen aenftucken roept; maer alle die in mijn tegenwoordigheyt heeft aenftucken geroepen, zijn door een eens-luydende ftem met het geluyt van het glas gebrooc-

Van het aenstucken roepen der Glasen. 47

welcke alleen 't glas kan doen breecken; door d'andere toonen en wort het geluyt niet eens gehoort, ten zy soo jets van weynigh weerdy, 't welck de uytterlijcke blasinge verweckt. Het Octav of d'achttoon heeft alleen dit voorrecht, terwijl datse is de volmaecktste ende volstrecktste welluydinghe van allen, ende vervullinghe van alle eens-luydingen. Want de achttoon heeft in sich een dubbelde reeckeninge, ende wort door getallen; die onder sich hebben die gelijckmatigheyt, uytgedruckt, de welcke alleen de geheele, ende niet gebroocken getallen toe-komt, als by voorbeelt $\frac{1}{2}\frac{2}{+}\frac{4}{8}$ door welcke dat te kennen gegeven wort, dat het minder getal soodanigh is in het meerder, datter niet overblijft: gelijckerwijs 1. tweemael is in 2. ende 2. in 4. met welcke saeck dat het anders gelegen is in de andere eenstemmigheden. De reden van dese gelijckmatigheden heeft treffelijck gegeven onder de oude Grieckse schrijvers, *Aristides Quintilianus de Musica lib.* 3. welck *Marcus Meybomius* te gelijck heeft uytgegeven, ende met seer geleerde aenteyckeningen verlicht, met d'andere uyt de gewichten die aen coorden of snaren gehangen worden: want twee aengehangen gewichten maecken een aghttoon. *Honoratus*

gebroocken, !verscheyde malen gebruyckten hy oock de achttoon, maer dese verweckte veel weyniger het geluyt van 't glas en niet een wiert daer door gebroocken, jae oock by den roeper vast gestelt, dat het onmoogelijck daer door konde geschieden. Wat de verder volgende beschouwinge omtrent den achttoon aengaet, laten wy aen den goetwillige en naeuwkeurigen leser.

tus Faber wijſt aen *in Tract.* 3. *Phyſ. l.* 2. *prop.* 216 dat door een eenige aenraeckinge of beweginghe, van een ſnaer de t'ſamen-luydingen terſtont oock geluyt geven, onder de welcke de voornaemſte is de achttoon: dat ick in d'andere geluytgevende lichamen, als klocken, en glaſen verſcheyde malen heb aengemerckt, ghelijck oock in de trompetten en fluyten, in de welcke men ſeer licht, en't geen eerſt voorkomt, overſpringen kan van dat geluyt, tot ſijn achttoon. Hier door is 't, dat, terwijl de achttoon heeft een dubbelde reeckeningh, ende d'andere medeluydingen, een gelijckmatigheyt hebben eeniger maten, ſonder reeckeningh, ende onder ſich ſelven zijn onafmetelijck, ſoo datter altijdt wat overſchiet, de achttoon alleen het gheluyt dat hem t'ſamen meetlijck is in dat lichaem beweeght, 't welck dan nu de medeluydinge van 't Octav in ſich omvat, ende dat ſtercker, door de dubbelt heeviger kracht van de beweginge. Siet van het lof des Octavs *Pappus* in ſijn boeck de *Conſonant. in cap.* 6. indien het eenighſins tot de ſaeck te pas konde komen, ick ſoude hier veel van de t'ſamenluydingen, ende getallen kunnen * *Pythagorizeren*, of bybrengen op de wijſe van *Pythagoras*, maer die dingen klincken luyt, ende bewijſen weynigh. Die daer vermaeck inſchept,

* Pythagorizeren, dat is, weynigh ſpreeckende zijn, ende wort daerom ſoodanigh geſeght, om dat Pythagoras leerde weynigh te ſpreecken; in ſijn ſchoole gebood hy aen ſijn toehoorderen dat ſy vijf jaren ſouden ſwijgen: 't Is dan of den ſchryver ſeggen wil. Maer het is beter dat ick daer van ſwijgh.

Van het aenstucken roepen der Glasen.

schept, gae tot het boeck van *Aristides Quintilianus*, dat wy terstont aenbevoolen hebben. *Baco Verulamius*, *Syl. Sylvarum n.* 279. slaat mede acht op de selvige kracht van de t'samenluydinge van de achttoon in de snaeren, maer de wan achttoon beroept veel swacker het geluyt van 't glas, om dat die schijnt te gaen buyten de kringh van het medeluydend lichaem, door een engher of beslootender uytgangh van de daveringen. Op wat wijse salmen dese knoop los maecken? want 't zijn duystere dingen, ende gelijck alsse buyten ons gevoelen, soo gaense oock buyten ons verstant. Dit blijckt evenwel, dat de lichaemtjens van de lucht glofjens, door de stem, voortgedreeven, voornamentlijck in dat geluyt, met de tocht-gaten van 't glas gelijckstaltigh zijn gemaeckt, om sich onder haer te setten ende binnen die door te gaen, in alle de andere is 't soo niet: dat de gansche saeck voortkomt van de voortdryvinge en de beweginge blijckt klaer genoegh: maer het is by nae geen werck van 's menschen vernuft, die in yder geluyt bysonder, te bepalen. De welcke terwijl datse van de lucht-pijp gevormt worden, moet men de toestellinge van die selvige mede insien. Sy vult de plaets van het geluyt van by nae alle speeltuygen, of instrumenten: want sy wort gespannen ende geschudt (of getoetst) gelijck een snaer, soo dat men die bevende beweginge, en door het gesicht ende door het gehoor vermercken kan, sy bootst oock de fluyt nae. Wat dese lucht-ader belanght, sy bestaet uyt ontallijcke kraeckbeenige

nige ringen, door de welcke dat de lucht heenen rolt, en dat door omwringingen, die grooter fijn, foo het geluyt fwaerder is, ende korter, foo het fcherp is: want dan wort de luchtader gefpannen, ende om dat de buys foo hol niet is, laetfe de lucht door minder omwringingen uyt. Hier van daen zijn die bewegingen dickwilfer ende ftercker, als waer de lucht in een fwacke longe pijp door grooter omwringingen van boven nederwaerts vlieght: want datter omwringende bewegingen zijn in de fluyten, trompetten, fult gy bevinden uyt de glaefe trompetten, indien daer een weynigh waters in doet: want defe felve bewegingen fult gy in het water bemercken. Wie fal ons nu de reden geven, waerom die omwringingen des luchs op die toon de deeltjens van 't glas bewegen, ende niet oock op d'andere? of dat mifchien dien aenval des luchs paft op de uytreckinge der deeltjens in het glas, ende bequaem is de felvige te bewegen? maer waerom het felvige niet en gebeurt in de andere toonen, die felfs fcherper zijn, in welcke den aenval ftercker is? 't welcke nootfaeckelijck moft gefchieden, indien in den aenval of kracht alleen de faeck beftont. Het is dan noodigh datter andere oorfaken onder zijn, of ten minften de voorgaende werden toegevoeght, de geftalte van de fweet of toght gaten moet dan ten opfichte van 't geluyt onderfcheyden zijn, de welcke, of van de inblafinge van de werck-man, of elders anders van daen krijght. Want door de grooter, of kleynder maeckinge of t'famen-voeginge verandert

Van het aenstucken roepen der Glasen. 51

andert het geluyt. Vorders soo moeten oock de deeltjens selfs, door de stem uytgeworpen, soo vergeleecken zijn, datse naer de gelegentheyt der toonen verscheyden verbeelt worden, ende die door dit geluyt gaet binnen in de lucht-gaten van het glas, ende beweeght sijn deeltjens, door andere toonen sich niet laet invoegen noch bewegen: En terwijl datter tweederley bewegingen is in die uytterlijcke lucht, een schuddende voortkoomende van de bevinge van de lucht-ader, ende een omwringende van die kraeckbeenige ringen, soo sal wel licht van die, 't inkomen in de luchtgaten, ende van dese den aenval of kracht konnen afgeleyt worden, of voortkomen. Die schuddende of daverende bewegingen is het oock, soo ick niet bedroogen ben, die in het gelijckluydende houd de bevinge verweckt, waer onder datter soodanige zijn, de welcke op alle de sangh-kundige toonen zijn aengericht: Want dit beproevende, is my het selvige soo gebeurt. Ick heb oock dickmaels my laten voorstaen dat ick een bevinghe vernam in een houte stoel, in welcke een ander aen mijn zijde sat, in de tafel selfs, daer hy op leunde, als hy sprack door eenigh geluyt; 't welck als een ander, op die selvige stoel sittende door een verscheyden geluyt sprack, niet en geschieden. 't Welck voorwaer niet heeft konnen geschieden door eenige andere oorsaeck, als de even-gelijckheyt van de stem, met het geluyt van het hout. Ick heb verscheyde mael in een beslooten kamer gevoelt een bevinge onder mijn voeten, als daer

D 2 gestreecgeftreecken wiert op eenige feeckere fnaren van een bas fiool welcke ick niet gevoelde, als men op andere ftreeck, of die geraeckt wierden. My gedenckt, dat doen ick te Londen aen dien feer vermaerden man *Thomas Willifius* verhaelde d'ondervindinge van een glas dat foo gebroocken was, uyt hem verftaen hebbe, dat in een Mufick-huys of daer men op fnaeren nae de fangh-kunde fpeelde, naeft fijnent, verfcheyde reyfen de vloer ingevallen was, daer hy oock felfs niet aen getwijfelt heeft, of mofte het geduurig geluyt toegefchreeven worden. Ick weet dat elders in een kerck een naeuw welffel, daer een orgel op gebouwt of gefet was, met het felvige gefamentlijck omvergevallen is, dat wel light gebeurt is door de meenighvuldige weerflagh van het geluyt, voornamentlijck, om dat en de welffels felfs gewoonlijck geluyt geven; om die reden foo ftellen die konft-handelaers eenige groote wint-buyfen langhs het geheele gebouw van 't orgel heen, dat het niet te veel gefchut of gefchockt foude worden. Wy hebben verfcheyden-mael aengemerckt, dat het flaen van Trommels, ende 't geluyt der trompetten, dede daveren de welffelfs van de kercken: en 't is waerfchijnlijck, dat indien een geluyt, foo veel als het kan gefchieden, vermenighvuldight en uytgereckt wordt, feer groote kracht kan doen op de gebouwen. Waerom dat ick my verwonder dat *Honoratus Faber* Phyf. tr. 3. lib. 2. prop. 215. een van de jonger fchrijvers daer over berifpt, dat hy oock aen die grootfte welffels toefchrijft bevende

Van het aenstucken roepen der Glasen.

vende daveringen uyt de weerslagh van sware geluyden voortgekomen: 't welck hy niet alleen belaghlijk, maer oock schrickelijck om seggen, noemt; Daer men nochtans seer dickmaels dat bevindt te gebeuren. Maer die daverende beweginge moet met kracht te samen gevoecht zijn; want die alleen is te swack ende doet het glas oock niet aen, gelijck wy in de snaren sien, welckers daveringen geen geluyt in het glas verwecken; want die even gelijcke aenvallende kracht isser niet by, noch die daveringen slaen regel-recht daer op, de kracht en aenval alleen, gelijck als in een geweldige uytdryvinge van de lucht, ende een onordentlijck geluyt, doet de aldersterckste gebouwen ende d'Aerde schudden en beven; 't Welck men siet gebeuren, als men den donder hoort, of swaer geschut wort afgeschooten, van welck geluyt, en de gebouwen-huysen schudden, ende de glase-vensters ghebroocken worden; de eyeren, daer de vogels op sitten te broeyen, plegen daer door, wel instucken te breecken, of ten minsten soo ontroert te worden, datter geen jongen van konnen voortkomen. 't Zijn gedenckwaerdighe dinghen, die *Digbæus* verhaelt, *de Natura Corporum*, Cap. 28. n. 3. van de glase roemers, hoe datse, terwijl in een scheepsgevecht 't geschut gelost wiert, in die tijdt schudden en lilden: van de pampiere vensters, en eyeren, daer de duyven op saten te broeyen, hoe datse gebroocken ende ghescheeurt wierden, hy heeft oock acht gheslagen op de vensters in sijn schip, de welcke dreunden als het

ge-

geschut afgingh in een ander schip, soo ver van
haer, dat men het maer even sien konde ende
't geluyt pas hooren. Hy verhaelt oock dat by
diergelijcke gelegentheyt sijn schip sich afge-
went heeft van sijn voort-gangh (of scheeps-
wijse gesecht coers verandert heeft) ende die
selvige door het geluyt, of liever de beweginge
ge of bevinge uyt het ingedruckte geluyt be-
stiert is, so dat andere vechtende te hulpe quam,
te weten, achtgeslagen hebbende in wat voor
een stip van het hol van 't schip die bevinge
sich openbaerde terwijl dat hy niets hoorde,
alhoewel een lange tijdt daer na, een seer groote aendacht hebbende aengewent ende stil-
swijginge, heeft kunnen onderkennen soo
eenigh duyster, dof en flaeuw gheluyt, waer
op de vensters in het achterschip, ghemaeckt
van sijn Muscovisch glas, dreunden. Welcke
dingen alle betonen het gevoelen van *Bernardinus Telesius de Rer. Nat. l. 7. c. 34.* waerschijnlijck te zijn, dat het geluyt verder voortgeset
wort, alhoewel niet soo heel groot, dat door
het afgaen van 't geschut geschiet, als het geen
van de vlam voort komt ende de donderinge
ghenaemt wordt. Welck selfs wel terstont is
voortgebracht, en alleen: gelijck als men
soodanigh in vlacke plaetsen, daer soo een
dwarlende uytdrijvinge is, kan waer nemen,
en welck ick selfs oock wel dickwils hebbe
aengemerckt; verre en breet daer van daen uyt-
gespreyt wordt, het vermenighvulidight door
't geduerigh slaen tegens de bergen, bosschen, en
de dickste wolcken. Ick en weet niet, met *Cartesius* wat voor een val der wolckē dat men noot-
saeck-

Van het aenstucken roepen der Glasen.

saecklijck heeft te versieren, boven 'het begrip en de reden. Dit gheluyt ontroert oock ghewoonlijck soo seer de kleynste deeltjens van die vochtigheden, wijn en bier, dat sy hevelende eenigh letsel daer door krygen, of door een andere hevelinge bedurven worden. De treeften oock door de donderingh ontroert, springen met gewelt uyt het water op. Welcke dingen als ick wat naeuwkeuriger overdenck, soo achte ick de reden van *Scaliger* van groote weerde te zijn *Exerc.* 130. de welcke meynt dat door de donder d'aerde geschudt, bewogen, ende ylder wort, soo, dat daer heuvels door de slagh-regens kunnen voort-gebracht worden, welcke *Vossius* verwerpt *de Idol. l.* 3. *c.* 5. om dat de aerde dickmaels door een schricklijck onweer van winden geschut wort, ende nochtans sich niet en opent om heuvels op te geven: want voorwaer de doordringende kracht is grooter in de donder, als selfs in de sterckste winden, 't welcke wy sien in de dervinge van de vochtigheden door de donder. Met dit is eenighsints gelijck, 't welck *Cardanus de rer. variet. l.* 15. *c.* 85. verhaelt van het geluyt, of d'oorsaeck, of de te kennen gevinge van de vruchtbaerheyt. M. *Antonius Majoragius* verhaelde, seyt hy, dat in de maent van April gehoort wordt in de poel *Eupilis* soodanigen geluyt of stem ôh, ôh, ôh, ôh, ôh. maer een weynigh langer, soo dat de laetste stem gebroocken was, ende dat op dese jaeren, want alle jaeren en wort dit niet gehoort, volght een vrughtbaerder voortkoomen van alles, van wijn, tarw, &c. en dese reden brenght *Cardanus* hier van by: dat het buyten twijfel is, of dese voorkomen-

de stem, moet of onder het water, of in het diepste op
de gront geluyt geven, maer met een doffe klanck, dat
wy ondervonden hebben: soodanigh dat het lichaem
onder het water geschokt zijnde, de lucht, die daer
is, klinckt, ende het geluyt overgaet dan in het water, ende dan wederom in de lucht, soo dat, het slijck
warm geworden zijnde, als de Lente aen komt, ende
in lucht verandert, een geluyt wort: 't is oock niet nodigh dat het water daerom altijt warm is, want door
de koude van 't water wort de damp verspreyt, of ge-
dooft, indien datse verspreyt wordt, soo verweckt-
se een beweeginge in het water, maer niet op een plaets,
maer wijdt en breedt, soo dat men die niet gewaer
worden kan, ende die warmte is gemeenlijck het tee-
ken van vruchtbaerheyt, en dat alle waterachtigh lant
als het warm geworden is, vruchtbaer is, maer laet
die reden ende dat geloof by *Cardanus* zijn, wy
sullen niet blyven staen op het ondersoeck van
die selvige. Vorders soo moet men hier toedoē,
'tgeen dien Edelen Heer *Oldenburgh* verhaelt *in
actis Philosophicis Colegii Regii Anglici p.* 550. van
seeckere vrouw, dewelcke, als het donderde,
altijdt afgaen moeste, ende geduurig braackte,
ende dat soodanigh dat door de sterckste medi-
camenten of artseny dat selvige niet soude kunnen zijn te weegh gebracht, soo misschien het
selvige oock niet wel gheschiet is door haer
overgroote verbaestheyt des gemoets, gelijck
het aen die geschiede, daer men by *Juvenal.*
van leest *Sat.* 14.

——— *Trepido solvunt cui cornua ventrem
Cum lituis audita.*

Welcken verbaesde den buyck ontwervelt wierdt
als hy hoorden op Cornetten en Schalmeyn blasen.

Van het aenstucken roepen der Glasen.

sen. Om welcke oorsaeck dat oock sommighe gheloven dat de Hinden mis-dragen, als sy de donder hooren, volgens die plaets uyt de Psalmen *Ps.* 28. ende *Hebr.* 29. 9. Waer over nochtans de gevoelens van de uyt-leggers verscheyden zijn: 't welck *Plinius* oock bevestight van de mosselen *lib.* 9. *cap.* 38. Onder die wanordige ende verwarde geluyden is oock dat gejuych der soldaten, welckers krachten mede groot zijn, soo dat daer door de vogels somwijlen uyt de lucht zijn neder-gevallen, ende men heeft oock de schuddinge of bevinge van de selve vermerckt, waer van dat men lesen kan *Alexander ab Alexandro. Genial. Dier. lib.* 4. *cap.* 7. *Elias Reusnerus in stratagematogr. Naudæus de studio Militari lib.* 2. *p.* 494. welck, indien dat het door een eens-luydende stem wiert geuyt, ende dat het niet ongelijck of oneven en verscheyden was, namen sy dit tot een groot voorteycken dat de strijt wel soude uyt-vallen. Want dit hielden sy tot een kenteycken van haer wil en moet, ende het geluyt was dan oock van meerder aendacht. Hier af sal een yder gelooven, dat oock niet sonder oorsaeck van Godt gebooden is, dat die een oorloghs gejuygh souden opheffen, die de Stad Jericho souden gaen innemen, waer nae dat terstondt de nederstortinge der mueren is gevolght. Alhoewel dat ick hier niet en ontkenne het wonder-werck, 't geen, die toerustinge van de ommegangen om de Stadt, van God belast, bewijst (want ick heb een afschrick van het gevoelen van dien goddeloosen mensch, de welcke in een God-geleerd burgerlijcke verhandelingh,

lingh, defe, ende alle de wonder-wercken in de Heylige fchrift, toe-fchrijft aen de natuerlijcke, gemeenlijck onbekende krachten) dit heeft nochtans oock niet weynigh tot de beweginge van de mueren konnen toebrengen. Welck gevoelen *Rabbi Levi Ben Gerfon* oock niet verwerpt, reden daer byvoegende: *om dat een groote ſtem met groot gewelt de lucht aendrijft*. 't Welck fchoon het belachlijck fchijnt voor *Mafius* hier in fijn aenteeckeningh, en is het nochtans ganfchelijck niet te verwerpen. Want het is voorwaer een fchrickelijck geluyt, 't welck van foo veel duyfend man, foo heftig, als 't mogelijck is dat het kan gefchieden, opgaet, ende des te fwaerder, terwijl het is gelijck als een gehuyl, waer van daen dat het van *Suida* ghenoemt wort λυκнθμός dat is, een wolfs-gheluyt, hoedanigh de Goddelijcke fanger gefeght heeft dat de fterren flaen. Het en is niet waer, dat *Serrarius* aenteecken *In Cap. 6. Jofuæ quæſt. 22.* dat, al waerender noch foo veel, ja ontallijcke ftercke gheluyden by malkander, evenwel daerom gheen heeviger of fterker beweginge van de lucht is: 't welck ons nochtans de gefonde reden leeren kan; ende defe bewijsreden van hem is oock ongerijmt: *Indien de beweginge uyt het geluyt, foude foo veel behulpigh zijn tot de verwoeftinge der dingen, veel meerder indien een geheel groot leger van alle kanten vlugh ende met gewelt liepen, floegen haer armen heen en weer, ende op eenige andere heeviger wijfe de lucht beroerden.* Voorwaer defe heeft weynigh verftant ghehadt van de natuur van dit gheluyt, 't welck de lucht met een aenporrender beweginge

Vat het aenstucken roepen der Glasen-
ginge treckt en stoot, als die heen en weer smy-
tinge der armen, of eenige andere veel heviger
beroeringe. *Cardanus in probl. Mathemat. sect. 5.
probl.* 12. Wijsgeert veel ghesonder, *waerom
(vraeght hy) dat een groot geluyt soo treft, dat het iets
breeckt, terwijl dat het een onlichaemlijck wesen is,
want dit en geschiet niet door de beweginge van de
lucht, terwijl dat een vry beroerender wint dat niet
doen en kan, ende het scherper of fijnder dit minder
doet, als het groover of swaerder, 't welcke langhsae-
mer is?* hy antwoort: *of het is om dat het gheluyt
is een lichaemlijcke hoedanigheyt, en nochtans geen
lichaem, gelijck de witheyt, ende daerom doordringt
gelijck als onlichaemlijck ende met sich sleept, om te
verstrecken voor seeckere opvoeringe tot de snelheyt:
want de lucht vlugger bewoogen, schift de lichaemen,
bysonderlijck de harde ende drooge, of, dat die beweginge, waer door het beweeght en schudt, is door het
dickmaels herhaelde geluyt, want dingen daer aen geschut en gestoten wort, worden dickmaels seer licht
gebroocken; of dat in een seer swaer geluyt de lucht
verdickt wort, ende dan verdunt wort, ende doordringt.*
Dese dingen, alhoewel dat *Cardanus* twijfel-
achtigh ende na de wijse van sijn wijsgeerig-
heyt seyt, hy heeft nochtans seer wel verstaen,
wat het geluyt, in de lucht te bewegen, meer
te weegh kan brengen, als selfs d'alder beroe-
renste winden, 't welck behalven de lucht,
oock de alderfijnste of subtijlste stoffe, welcke
en de lichamen stercker t'samen hecht, bewegen en vernielen kan, waer van daen oock
haer kracht soo groot op de lichaemen is. 't Is
wel te recht waer, 't geen *Gassendus* in *Phylio-
log. Epicuri p.* 287. Aenmerckt, dat de gantsche
klomp

klomp des luchts niet te gelijck bewoghen
wordt; maer alleen 't geen in haer het dunste
is, ende dat de verbeeldinge voornamentlijck
kan bevatten. Hier valt my te rechter tijdt in,
't geen *Digbæus* in die hier boven aengepresen
plaetse verhaelt van de muuren van een schone
en voortreffelijcke * Kerck, dewelcke waren
aen stucken geborsten of gesprongen, door een
krachtige uytwerpinge van een groot geluyt
van buskruyt, wel twee duysent passen daer
van daen staende. Maer het is beter dat wy uyt
sijn eygen woorden de saeck verstaen: *Ick heb
gehoort*, seyt hy, *van een seeckere, de welcke doen
tertijdt woonde te Hispalis* (een seer vermaerde
Stadt in het Koninckrijck van Granaden) *als
een werckhuys daer toe aengestelt, om het buskruyt in
te leggen ende te bewaren, door het vuur dat daer in
quam 't onderste boven geworpen wiert en sprongh,
(dit werckhnys stont omtrent twee duysent stappen van
die plaets, daer hy woonde) betuyghde dat de dubbelde houte deuren van de vensters, met een groote kracht
tegen de muuren van sijn Huys aengesmeten wierden,
ende dat de muuren van die seer groote Kerck aen stucken borsten en sprongen, welcke, terwijl datse aen dit
werckhuys, schoon vry wat verre daer van daen,
nochtans de naeste wiert, wiert sy evenwel sonder
eenigh schutsel van gebouwen, van die geswinde ende
geweldige aenval des ontwerden luchts beschermt.*
Wel nu dan, laet iemant my eens gaen verge-
lijcken

---

* Dese seer schoone Kerck zijnde het geluck toegewijt
wort genoemt *Fanum Fortunæ* van seecker Stadt, die *Stepha-
nus* in het Griex φάνα noemt, een Stadt op Frans-landt, gelegen op de Adriatice kust soo *Plin.* getuyght *lib.* 3. *cap.* 14.
niet verre van de Rivier Metaurus, in welcke dese seer
schoone Kerck des Gelucks gebouwt is geweest.

Van het aenstuckent roepen der Glasen. 61

lijcken dese eenige uytdryvinge van het buskruyt, wel heftiger, maer nochtans verschovender, met dat schrickelijck gehuyl van soo veel menschen eenige tijdt duurende, met dat geklanck van de trompetten, 't ghekrijsch der wapenen, in die buurt, ende laet hy my seggen, of het niet waerschijnlijck is, dat de aerde seer hevigh heeft kunnen daveren, ende de mnuren selfs geschud worden, datse soude kunnen om ver geworpen worden sal ick niet seggen. Hy verklaert, en geeft dese saeck seer wonderlijck te verstaen, 't welck *Borellus* heeft aengemerckt *Prop.* 101. hoe dat van de alderflauwste bevinge des luchts, door een lange achtereenvolginge oock d'aldergrootste swaertens kunnen bewoogen worden; soo dat de beweginge van de aerde selfs indien niet de voornaemste, altijdt de mede-helpende oorsaeck zy, een ondervindinge by brengende, die hy selfs wonderlijck noemt. Maer ick sal de woorden van de Schrijver selfs verhaelen: *Ick was daer by*, seyt hy, *te Taormino in Sicilien, soo wanneer de Bergh Ætna een seeckere uytbreuck hadde gemaeckt, dichte by de Stadt Enna, by na 30 mijl ver van Taormino, doen ter tijdt maeckte de vuurpoel verscheyde reysen seer groote uytbreucken met groot geluyt en gedruysch, en als sulckx geschieden, schudden en beefden al de gebouwen van Taormino, waer in dat ick heb aengemerckt een omstandigheyt seer weerdigh om aengeteeckent te worden: te weten, dat de Huysen ende gebouwen, die recht streecks stonden op het ghesicht van die selvighe poel op 't hevighste wierden aengetast, maer de andere huysen, die het gesicht van de poel niet hadden, schudden*

den vry langhſaem ende ſaghtelijck. Voorwaer indien ſoodanigen ſchuddinge was veroorſaeckt van de daveringe ende op en neerſpringingh van 't aertrijck van Taormino, alle de huyſen ſouden even ſeer geſchud ſijn geworden, ende even gelijckelijck door bevinge beroert, ſoo, dat het geſicht van de poel niet en ſonde konnen voortbrengen ſoo grooten, ende blijckelijcke on-evengelijckheydt van ſchudding; nootſaeckelijck dan wiert die beroeringe te weegh gebracht, van de bevinge der ſelver lucht geworpen tegen de mueren van die huyſen, die vryelijck de ſlagingen ontfangen. Siet hier uyt hoe groot de kracht van het geluyt is dertigh mijlen van malkanderen, wat ſal 't dan niet wel uytwercken, in een ende ſelve buert? eyndelijck ſoo moet men oock acht nemen op de ſtant ſelfs van de plaets, offe tuſſchen bergen beſlooten is geweeſt, waer van daen dat 't geluyt ſtercker ſoude konnen uytgebroocken worden op de mueren, ende vermenighvuldight; oock op de wacht-plaets van de ſoldaten, de gantſche muer omringende. Welcke dingen alle niet weynigh en doen tot uytbreydinge, ende grooter vermoogen van het geluyt of kracht deſſelfs. Men moet hier oock niet overſlaen het gebouw der Mueren, daer wy nu tegenwoordigh de gelegentheydt niet van weten: noch oock de aert van de grondt daer die opgebouwt zijn: want de Chaldeeſe uytbreydinge van de Heylige Text wil, datſe door de aerde zijn ingeſlockt. *De Rabbinen* vertellen oock veel van deſe Stadt; te weten, dat men veel daer konde hooren, 't geen te Jeruſalem in de Kerck geſchiet was, al hoe wel datſe thien
mijl

Van het aenstucken roepen der Glasen.

mijl van de Stadt Jerusalem af lagh, gelijck *Buxtorfius*, *in Lexico Thalmudico* uyt *Bartenora* verhaelt; 't welck terwijl het niet heeft konnen bestaen, in de gelegentheyt van het ghebouw, sette het al mede by de andere beuselingen, ende leugens van de Rabbijnen. Eyndelijck soude yemandt oock dese gedachten konnen voorkomen: of niet de mueren ende welfsels, de weleke oock haer geluyt hebben ende gemaeckt zijn uyt een sloffe, welckers kleynste deeltjens soo vast niet aen malkander gehecht zijn, als in de metallen of glas, gelijckerwijs als het glas door een geluyt met het sijne evenbedeelt, aenstucken kan gebroocken worden, soo oock die: te weten, muuren en welfsels, door haer geluyt met haer eygen selfs evenbedeelt bewoogen ende aen stucken gebroocken kunnen worden, voornamentlijck terwijl God sulckx leert. 't Welcke, op dat soude konnen gheschieden, soude men wel licht een veel grover en swaerder geluyt moeten geven, uyt gereckter, ende uyt de veelheydt van de weerslach dicker, terwijl datse wijder tocht gaten hebben, door welcke dat de scherper of fijnder gheluyden lichtelijck heen vliegen. Voorwaer de Klocken ende de aerde vaten, selfs de ghemeene, welckers tocht of sweet-gaten veel opender zijn, als de tocht gaten van 't glas, konnen, door het ingieten van water de toon swaerder wordende, door de stem van 't Octav. tot gheluyt gebracht, en het water eenighsins in die selvige gekronckelt worden: *Honoratus Faber* is dan bedroogen, de welcke *Tractat. 3. Phys. lib.*

lib. 2. *prop.* 238. logghent dat een klock geluyt geeft, alsse met vochtigheyt gevult wordt: maer wy willen liever in dit afschrickelijck werck erkennen de handt van God selfs of sijn Engelen, voor eenige natuerlijcke oorsaeck: voornamentlijck, terwijl dit geen duyster voorbeelt is van 't uytroeyen en vergaen, t'eeniger tijdt van de werelt door het geklanck der jonghste basuyne, ende de Goddelijcke stem, welck vergaen en uytroeyen van de werelt, ende opstandiginge der dooden, nochtans by sommige wort gemeynt, dat uytgewrocht sal worden, door een natuerlijcke werckinge, siet *Euthym. c. 7. in Johann. Thyræus* de gloriosa Christ; *apparitione.* 't Zijn woorden van naedruck, door welcke dat de kracht van de Stem Gods beschreeven wort, Ps. 29. voornamentlijck in 't Hebreus: *dat de Stemme des Heeren is op de wateren, breeckt de cederen, hy doetse huppelen als een kalf den Libanon, ende de bergen als een jongen Eenhoorn, hy doet de Woestijne beven.* Alhoewel dat dit van de Donder verstaen wort. Soo oock Psal. 45. *God heeft sijn Stemme gegeven, ende de Aerde is bewogen,* onse dichters oock (op dat wy die niet voor by gaen) hoe fraey ende na de waerheydt van de saeck beschrijven sy een groot geschreeuw. *Virgilius* de * Cyclope

Cla-

---

* Cyclopes sijn reusen, het alder outste volck van Sicilien, omtrent de Bergh Æthna de welck maer een oogh hadden, recht in 't voorhooft, dese zijn d'aldereerste vinders geweest om het kooper te maecken. Hier van komt dat verdichtsel dat dese zijn geweest knechts van Vulcanus. Onder dese worden bysonder by de dichters geviert Orontes, Steropes en Pyracmon.

Van het aenstucken roepen der Glasen.

Clamorem immensum tollit, quo pontus & omnes intremuere undæ: dat is,

Hy schreeuwde soo geweldigh, dat de Zee en al de golven trilden en zidderen.

En van een ander : dat hy door een cromme Hoorn,

*Tartaream intendat vocem, quâ protinus omne
Contremuit nemus, & sylvæ intonuere profundæ:*
Dat is,

Sulcken Hels geluyt maeckte, dat terstondt het geheele bosch-wout schudde, ende het door de bosschen heen donderden:

Alwaer hy duydelijck dit een Helsch geluyt noemt, 't geen uyt een hoorn komt. Hy seyt oock elders seer treffelijck, dat de Zee door geschreeuw ontroert wort. De heerlijckheyt en het voorbeelt van welcke beschrijvinge niemant onder de andere dichters is naegevolght: want in die dingen steeckt het wonderlijck oordeel van onsen dichter uyt, terwijl *Homerus* ende veel andere dichters op veelderley wijse hier yets van seggen 't geen niet te pas komt; Waer dat wy niet op willen blijven staen. Den selve sullende beschrijven het overlastigh ende geduerigh gesangh van de Kreeckels, hoe kundigh seyt hy:

Cum Cantu querulæ rumpent arbusta cicadæ :
Dat is:

De Kreeckels sullen door haer welluydende gesangh de boomen in het bosch van een ryten, even eens of de dichter geweten en geraemt hadde, dat door een geduerigh eenluydend gesangh yets konde van malkander gereten worden, op dat hy door dit, ghelijck als het uyterste, soo-

E danig

danigh geluyt foude befchrijven. Maer wy, terwijl dat van een uytgedreeven geluyt redeneeren, buyten ons ooghwit gedreeven, door de kracht van het felvige, keeren eyndelijck weder tot onfe wegh. Dit, om dat het by-nae oneyndelijck overtreft de gelijckmaatigheydt van de beweginge, welck onder de geluytgevende lichaemen tuffchen beyde komt, ende foo, terwijl het de gantfche lucht beweeght, gaet het te gelijck door het binnenfte van de t'faem-gewrochte lichaemen heen, ende breecktfe oock fomwijlen. Heel anders is het gelegen met de ftem van een menfch, door feeckere toon, gaende in het binnenfte van een glas, ende alfoo het felve aenftucken breeckende, waer van hier vooren reden hebben gegeven. Want hier wort te gelijck, met een feeckere kracht, doch middelmatige, t'famen ghevoecht foodanighe toeftellinge ende geftalte van de minfte deeltjens in de voortgedreven lucht, welcke even gelijck met de lucht-gaten van 't glas, die felvige kan doordringen. dat defe vereyfcht wort, is door een bewijs-reden, dat geen geluyt in 't glas kan werden gebracht, als door het geluyt van een ftem, of trompet, of eenigh ander bequaem blaes-tuygh of inftrument, 't welck in beyde niet fonder kracht is. De klaerblijckelijckheyt van de faeck en 't uytgewrochte fchijnt ons defe reden, gelijck als voor oogen te ftellen. En aen die fal oock onfe toeftemminghe niet wonderlijck fchijnen, die by fich felven heeft overwogen, hoe onderfcheyden ende veranderlijck dat de geluyden gemaeckt worden,

door

door verscheyde gelegentheyt, en houdinge van de keel, tong, mont, tanden ende lippen, opgeheven, sachte, rouwe, groove, heldre, dof en duystere, in wat voor een oneyndigh getal soo veel geluyden der letteren onder malckander toegestelt worden, en hoe datse daer-en-boven worden door haer aendoeningen gemaetight. Want van yder in 't bysonder is een eygen reden, en een naeuwkeurige bepalinge. Soo dat yder by sich selven bestaet, so naeuw in een onderscheyt, dat dit selvige gebonden aen regels een kunst gebaert heeft, door welcke, dat yemandt van sijn geboorte af doof zijnde, ende by gevolgh stom, onder-recht kan worden, soo dat hy, en door sijn oogen die bewegingen begrijpt, onderscheyt, ende leerende die selvige met de mont nae te doen, eyndelijck begint te spreecken, soo dat andere hem verstaen, ende als andere spreecken, hy door het gesicht sulckx begrijpt, ende seer wel haer geluyden verstaet, ende weet uyt te drucken, oock soo wanneer sy ontaalige woorden, en een tael hem niet bekent, door aenwijsende onderrechtinge, spreecken. De vermaerste mannen in Engelandt, gelijck ick sie, hebben haer oock aen dese saeck laten gelegen zijn. Onder die selvige is *Wallisius*, van wien een wijtloopigen brief gevonden wordt van die saeck aen den Heer *Boilius* geschreeven *In Actis Philosophicis Anglicis Num.* 61. in welcke hy verklaert door seer veele redenen, dat dese konst van hem uyt gedacht is, by welcke den uytgever van de *Acta* van die schrijver voeght eenige

eenige proefstucken. De gront-flagh van die konft geeft hy in een boeck voor aen gehecht de *Loquela Grammaticæ Anglicæ*, in welcke hy uytleght de geluyden van al de letters, ende is befich, en tracht de vormingh van haer aen te wijfen. Omtrent welcken inhout oock befich is *Hieronymus Fabricius ab Aquapendente* in fijn boeck *de locutione ac ejus inftrumentis*, *Erafmus de Pronunciatione*, *Scaliger* in fijn boeck *de Caufis Latinæ Linguæ*, *Barnardus à Malinkrot*, *Tractatus de Literis*, *Cordemoy* in fijn feer treffelijcke redeneeringe *de Verbo* in het Franfch befchreeven; maer boven d'andere iffer oock een Hollandts Predikant genaemt *Petrus Montanus*, die met een byfondere naeuwkeurighe neerftigheydt befich is in een boeck van de kunft van uytfpreecken, in de tael van fijn vaderlant uytgegeven, daer is oock eenen anderen *William Holder*, de welcke oock in het Engels voor eenige jaren een boeck heeft uytgegeven van de onderrechtinghe van een doove ende ftomme, 't welck gemeynlijck gevoegt wordt by die verhandelinghe van hem *van de Hooft-ftoffen of beginfelen van de fpraack*. Laet oock hier onder vry vermenght worden een feeckere ghelijcke redeneeringe, van het onderrechten van een ftomme of doove in de taelen, van *Helmout*, een Hebreër, *in fijn waerachtigh natuerlijck A. B. C.* (ghelijck hy het noemt). Maer, dat ick weet, iffer noch niemant geweeft, die gewach gemaeckt heeft van een feeckere Spanjaert, van welcke dat te vinden is een verhael by *Digbæus Tract. de Nat. Corp. c. 28. n. 8.* de welcke een geheel boeck,

van

Van het aenstucke roepen der Glase. 69

van dien inhoudt, nu al voor vijftigh jaren in sijn Vaderlijcke tael beschreven heeft. Dese en kan nochtans by die geene niet onbekent zijn, de welcke uyt het boeck van *Digbæus*, seer neerstigh het verhael van de saeck na siet, door het bygebrachte voorbeelt van een Prins, aen welcke dat dese Spanjaert dese onderwijsinge hadde voorgheschreeven, door welcke dat hy dit heeft te wege ghebracht, dat die Prins andere spreeckende, daer yder over verset stont, verstaen, en selfs sonder hinder spreecken konde. Ick heb langh te vergeefs nae dit boeck gesocht, tot dat eyndelijck den seer vermaerden man *Martinus Fogelius*, de welcke dit gelijck als yets van sijn beste huysraet, onder andere van de ongemeenste schrijvers, by hem met de meeste neerstigheyt ende naeuwkeurigheydt bekomen, bewaert, my toe liet, gelijck hy seer beleeft is, dit selvige in te sien. Het opschrift is soodanigh. *Reduction de las lettras y arte para enseñara a ablar los mudos:* dat is, *Herleydinge der letteren, ende de kunst om de stommen te onderrechten dat sy spreecken kunnen.* Sijn naem of de Schrijver hier van, is *Juan Pablo Bonet, Barlet Serbant de su Magd. Entretenido cerca la persona del Capitain Gener. de la Artilleria de España, y Secretario del Condestable de Castilla.* Dese noemt hy selfs sijn ampten te zijn (niet vreemt na de gemeene Spaense swier) welcke *Digbæus* nochtans een Priester noemt, het boeck is te *Madrid* gedruckt, in 4. by *Fransiscus Abarco de Angulo* in het jaer 1620, ende de Koningh selfs toegeeygent. In dit boeck leert hy wijtloopigh de

E 3   geluy-

geluyden van alle letteren ende haer toeftellingen, hy leght oock uyt de kunft tot de onderwijfinge van de getallen, ende de Griexfe Tael, ende hy toont de wijfe, op welcke die orde in andere taelen kan ingeftelt worden. Maer dit heeft my wonder gedacht, dat *Franfifcus Lana* in fijn *Voorlooper van de meefterlijcken kunft* (foo noemt hy het felvige) een boeck in 't Italiaens befchreven *c.* 4. ontkent datter eenig betoog van die kunft befchreven is, daer nochtans *Digbæus*, van wien hy daer een plaets bybrenght, van dit ghefchrift ghewach maeckt. Grootlijckx dwaelt mede oock *Schottus*, de welcke in fijn *Technica Curiofa lib.* 7. *c.* 1. meynt dat die ftomme, die van *Bonnetus* d'oeffeninge van de letteren geleert hadde, ende daer *Digbæus* van verhaelt, Autheur of Schrijver gheweeft is van dat boeck. *De Unitate Sermonis* gefchreven. Defe felfde *Schottus* verhaelt mede *Phyf. curiof. lib.* 3. *c.* 33. van een feecker ander Prins, dewelcke, ftom en doof zijnde, op die felve wijfe mede was onderricht. Maer wie fal het raemen of defe kunft, indien niet in 't gheheel, altijdt het meerendeel, vry wat ouder is, indien hy overwoogen fal hebben, 't geen *Rudolphus Agricola* ghefchreven heeft, *lib.* 3. *de Invent. C. ultimo*, de welcke voor twee hondert jaeren heeft geleeft: defe feyt, *ick heb gefien dat een die van het begin fijns levens doof was geweeft, ende by gevolgh, ftom, evenwel geleert heeft, dat al het geen hy fchreef iemant verftaen konde, ende dat die felve oock wift fijn gedachten te befchryven, even of hy fprack.* Het geen *Johannes Ludovicus Vives* niet wel gelooven kan, de welcke in fijn

2 Boeck

Van het aenstucken roepen der Glasen.

2. Boeck *De Anima* cap. *de discendi ratione*, dese woorden daer van heeft: en waer over ick my des te meer verwondere datter is geweest een stom en doof geboorene, de welcke de letters geleert heeft. Laet dit *Rudolphus Agricola* gelooven, de welcke dit selvige heeft geschreven, ende bevestight dat hy die persoon gesien heeft. Die gene, de welcke dit boeck hadde toebehoort dat ick gebruyckte, hadde een diergelijcke voorbeelt van een Schoen-maecker daer by geschreven op de kant van die plaets van *Vives*. Die dingen en hebben niet sonder bysondere onderwijsingen kunnen volbracht worden: want waer van daen soude een doof en stomme weten het vermogen van de letters, ten zy dat het hem van een levende meester en onder-wijser was aengewesen? hoe een doove en stom de sanghkundige overeenstemmingen kan leeren aen een ander, ende de sanghkundige speeltuygen of *musicale instrumenten* op sijn maet stellen, siet in *Bettin. in Apiar. Mathemat.* X. *Progymn.* 1. Wy zijn wijtloopiger, als het betaemde, geweest, in het verhael van de onderrichtinge van een stom en doove: de nieuwigheyt van de saeck, ende de gelegentheyt van de veranderinge des geluyts 't welck door de mondt voortgebracht wort, hebben ons daer toe genoodight. Ick geloof dan niet dat iemandt nu meer sal twijfelen: of de stem wort op verscheyden wijse verbeelt, ende gelijckstaltight met de medeklinckende lichaemen. Veel wonderlijcker is de uytwerckinge en kracht van de t'saemenstemmige geluyden op de dierlijcke geesten, oock op de

vochtigheden felfs van de dieren, met andere gemeyn gemaeckt zijnde, gelijck men in die gene fiet, dewelcke van een * Tarantula geftoocken worden. Van het welcke dat andere door ganfche redeneringen handelen. 't Zijn oock al geen beufelingen ende verfierde dingen of bytpreucken welcke van † Orpheus verhaelt worden, die door fijn gefangh de dieren heeft kunnen aenlocken en ftreelen. Dat is altijdt waerachtigh dat de dieren kunnen verbaeft gemaeckt worden door mufijck of fanghkunde voornamentlijck opgeheven met ghetier en een-luydigh. Ick heb in Nederlandt gefien als ick in een fchuyt voer, ende datter een van de Schippers volck op een Lier fpeelde, dat de Offen, die aen de kant van het water gingen weyden, by na een half mijl 't geluyt van de lier zijn nagevolght met verbaeftheyt.

* Tarantula is een feecker Dier het welck ghevonden wordt omtrent een feeckere Sadt in Italien Taranta genoemt, waer van het fijn naem heeft. Is graeuwachtigh van verwe, een weynigh grooter als een fpinnekop met lange pooten: foo wanneer als yemandt daer van geftoocken wort, is 't dat hy, of foo het een Dier is het felvige, geduerigh huppelt en fpringht even offe verheught waren, oock beweeght fich de Tarantula dan geduerig al huppelende, ende die van defe geftoocken is, en kan niet genefen worden, als dat een Oly, in welcke dit Dier fich heeft doodt geloopen, gefmeert wordt op de ontfangen fteeck.

† Orpheus een Dichter uyt Thracien, is geweeft een foon van Apollo en Calliope, welcke foo fommige willen een harp van Mercurius, andere van fijn Vader Apollo gekreegen hadde, daer hy foo geeftigh ende wonderlijck op fpeelde dat hy, door fijn fingh en fpel de fteen-rotfen en bofchen bewoogh, de loop der rivieren ftutte, ende de wilde dieren temde. Waer van *Virg.* feght *Eclog.* 3. *Non me Carminibus vincet nec Thracius Orpheus:* dat is, Orpheus van Thracien en fal my door fijn fingen niet beweegen.

Vat het aenstucken roepen der Glasen-
heyt. Hier soude oock kunnen ondersocht en gevraeght worden of in de onderscheydelijcke geluyden van seeckere woorden eenige kracht is, en vermoogen om het bloet te stempen, gelijck eertijts geweest is die seer welbekende geneesinge van *Homerus*, ende daer zijnder oock noch heden ten dage die dat selvige belooven en verseeckeren; of de slangen bersten kunnen door seeckere gedichten, gelijck de dichters hebben voorgegeven, ende in de heylige letteren selfs mede verhaelt wort. 't Bygelooye hier van heeft seer neerstelijck weghgenomen, *Naud. de stud. milit. l. 1. n. 33.* van de slangen dat soude yemant in twijfel konnen trecken. *Alcamus* een Arabier daer *Bochart.* van spreeckt. *Hierof. Sacr. p. 2. l. 3. c. 6.* seyt: dat *Os*, of *Osoh* is soodanigh een woort, als men dat tegen de slange seght, soo salse sich afwenden. Misschien (gelijck Bochart daer by doet) om dat men hier door de sijffelinge van de slangh nabootst In het Boeck der wonderen wordt oock gheseght dat *Thessala* de Toveresse μιμᾶσθαι τὴν φωνὴν τῶ θηριεῖν, dat is, *Nae-bootsen kan het getier en het geluyt van de groote wilde Dieren.* Daer konnen eenige geluyden, gelijck sy de menschen, soo oock de Dieren aengenaem, en onaengenaem zijn. Gelijckerwijs als de honden haer stooten aen de letter R. Maer dat de slangen door de pijpinge in 't blasen konnen barsten, dat sal ick soo licht niet gelooven. *Plinius* verhaelt oock yets diergelijcke van de Scorpioenen *lib. 28. c. 3.* maer wy gaen weer tot ons glas, ende terwijl datter niet meer overigh blijft, brengen wy voort de getuygen van on-

se ondervindinge. d'Eerste is, *Du Hamel* een Fransche wijsgier, de welcke in zijn Boeck *de affectionibus Corporum*, lib. 1. c. 173. dese selve dingen van dien selfden Amsterdamsen Burger verhaelt, nochtans niet als selfs gesien te hebben, bevestight: *als ick het voorleden jaer, seght hy, door Amsterdam reysde, heeft my dit on-onder andere dingen, een seecker vermaert man, uyt-steeckende in allerley soorten van geleertheyt, ende seer bekent door die treffelijcke wercken die hy in het licht heeft gegeven, bericht; datter in dese Stadt een seecker gemeen man was, de welcke de glase Roemers, in de welcke men gemeynlijck de Rinse Wijn schenckt, door sijn stem alleen, ende dat niet seer uytgestreckt, maer op seeckere wijse gemaetight, aenstucken breeeckt, ende hy betuyghde dit dickmaels gesien ende ondervonden te hebben. Ende gelijck ick hoore, is 't een dingh in die Stadt genoegh bekent.* Dit seyt dese; de welcke de gelegentheyt van het geluyt niet verstaen heeft, gelijck als blijckt uyt die algemeyne bygevoeghde reden, *'t welck: te weten, alleen toekomt aen de geslagen of gedreeven lucht in de vaste deelen van het glas, op dat die, de t'samen hechtinge der selver, beroere, ende van haer plaets doe wijcken.* Dit en is niet waer in alle bewoogen lucht, maer alleen in die, de welcke door seeckere toon het glas raeckt, ende daer tegen aenklopt. Een ander oor-getuyge is, oock dien seer vermaerde, ende onse eygen gemeensame vint *Martinus Fogelius*, de welcke in een brief van Hamborgh gesonden, een diergelijcke voorbeelt van een Edelman bybrenght; 't welcke ick geen swaerigheyt maecke hier nevens aen te voeghen: weet dit

Van het aenstucken roepen der Glasen.

dit (seght hy) dat ick over langh uyt een seer geloofweerdige getuyge verstaen hebbe, dat een Edelman Albertus Balthaser Bernhard genaemt, Heer van het Slot Vandesbeeck (dat *Tijcho Brahe van der Burgh* noemt) die selve konst oock seer wel konde; waer van gy my verhaelt hebt: te weten, om een drinck-glas te doen breecken; maer ick weet niet of hy sulckx deede door alderhanden geluyt van sijn stem, sonder onderscheyt, of door seecker gestalte, ende geluyt van die selvige. Waer van hy een proeve soude gegeven hebbe aen dien vrint, een weynich voor sijn doot, ten sy dat hy sijn krachten, te swack daer toe ghevoelt hadde te sullen zijn. Daer zijnder evenwel buyten twijfel wel veel andere, dewelcke dit selvige hem wel hebben sien doen. Terwijl ick dit schrijve, soo wort my een Brief behandicht van een Vrint, de welcke my verseeckerde, dat hy hadde verstaen uyt het Verhael van een seer geloof-weerdich Man, dat die het selvige seer dickmaels in sijn reysen hadde gesien: dat oock een glase Romer konde gebroocken worden, indien een andere, daer naest aen geset, van een en 't selve geluyt, door een vinger in 't rondt drayende, tot geluyt gebracht wiert: ende dat een seer naeuwkeurige evengelijckheyt des geluyts in de glase vereyscht wiert, 't welck in een groot getal van glasen, qualijck konde gevonden worden. Ick heb het besocht in glasen, de welcke niet meer als een halve snee wan kloncken, ende heb bevonden dat op het geluyt van d'eene d'ander maer even geluyt gaf, soo dat ick nauwelijckx my het uyt ghewroghte kan inbeelden en verseeckeren, ten waer dit gheloof daer was,

dat

dat, die het hier verhaalt, het felvige onderfocht hadde. In die glafen welcke door een achttoon feer naauw keurich over een quamen, en heb ick de minfte medeklanck niet gevonden. Ick geloof oock niet, dat fulcken glafe roemer, welckers rant met de vinger geftreecken wort, licht kan gebroocken worden: want de minfte deeltjens van het felvige en worden niet eens van het gheluyt beroert of bewoogen. Ick heb, oock aenghemerckt in een glas, daer een fcheur in was, dat op elcke omdraeyinge van de vinger de fcheur al grooter wiert.

Vorders foo kunnen die gene, die het aen tijt noch gelegentheyt onbreeckt, haer felven breeder oeffenen in defe ondervindinghen, terwijl dat men defe dingen in andere geluyt gevende lichamen mede kan verfoecken en beproeven: wat, als by voorbeelt, omtrent een kopere of metalen Klock, en de aerde vaten voor-valt, indien dat fe door fes of feven Trompetten, die of eenluydich, of door alderhande flach van t'famen klinckingh medeluydigh fijn, ende door toonen die malkanderen in volgen, worden aengetaft en overvallen. Daar fal wel yemant zijn die gelooft dat gelijck als in de fnaren, foo oock in de geluyt gevende lichamen, en voor namentlijck de grooten niet alleen en zijn alle de t'famen luydingen, maer oock de verfcheellende toonen. Ick heb voor waer in een groote glafe tafel, die Vierkant was, ghevonden alle de fwaere of groove, de fcherpe of fijne, ende oock de mede luydende halve toonen, als die

Van het aenstucken roepen der Glasen. 77

als die wierden door een Trompet of geroep voort gebracht of beroepen, maer eene als de voornaemste scheen te heerschen by na omtrent het uyteynde van 't vierkant, ende dede de golvende bewegingen langer volherden. De scherper of fijnder toonen waaren nader aen het middelpunt. Men soude dit oock kunnen ondersoecken ende beproeven door anderen blaes-instrumenten of speel-tuygen, te weten hoorens, schalmayen en diergelijcken. Indien datter noch waaren van die afschrickelijke geluyden, daer *Homerus* van spreeckt (door dese woorden * Stentores χαλκόφωνοι by onsen schrijver uyt gedruckt) dan mochten selfs de muuren en welffels wel vresen.

Maer wy moeten eyndelijck dese redeneeringe van het gebroocken glas afbreecken, op dat se geen Boeck worde, die, om een Brief te schrijven, begonnen is. *Eerwaerde Amtgenoot* door uwe aenstouwinge of aenradinge overwoogh ick eerst, dat dese geringe most werden toegebracht tot de jaerlijkse aenteyckeningh van de nieuws gierige van desen seer vermaerde hooge Schoole, maer de welcke nu loop buyten de paalen en het besteck van een Brief, en de op dat ick niet die Bladeren
sou-

___
* *Homerus* sal ons seggen wat de schrijver door Stentores ende *Plinius* wat door χαλκόφωνοι verstaen wort *Homerus* Iliad. 5. noemt een seecker bevelhebber van de Griecken *Stentor* die als hy riep sulcken geluyt maeckte als offer 50. Persoonen geroepen hadden. *Plinius* op het 27 Boeck Cap. 11. seght dat Chalkophones is een Steen op de welcke als men slaet, of tegen aen stoot Klinckt of het Cooper of Metael was, soo dat door dese woorden, den schrijver wil seggen datter sulcke steenen noch waren, die soo veel geluyt gaven als of 50 personen te gelijck op Koper of Metael sloeghen.

soude moghen belaften door ontijdige pratjens, op de welcke dat men by geval wel wat weerdiger opmerkinghen foude kunnen ontledigen, wort dit byfonder van my uytgegeven. Neemt dan defe mijnen onnofele redenen aen, hoedanich die foude moghen zijn, geluyden wel licht fonder verftant van het geluyt; glafe breucken, van het gebroocken glas. Welcke indien dat miffchien u en andere Gheleerde Mannen haer drift mochte misleyden, gelijck vreefe dat by na foodanich fal uytvallen, wenfchte ick wel dat ghy dit u alleen wijte, die d'oorfaeck ende aen raeder van defe dingen te fchryven geweeft fijt. Ick fal nochtans wel, foo ick meyne, verlof verdienen, indien fy my kennen voor die man, die van een yder liever begeert onderweefen te worden, dan ick andere foude leeren willen ende berifpen: ende die in die oeffeningen niet t' Huys en is, maer fomwylen, als een overlooper ende verfpieder tot de paalen van die felvige nadert : Vaart wel Eerwaerde Amtgenoot. Gegeven tot Kil uyt mijn oeffen-kamer den 11. Dach van Januarius 1672. Welcken Dach ick Wenfche dat u feer Geluckigh Zy.

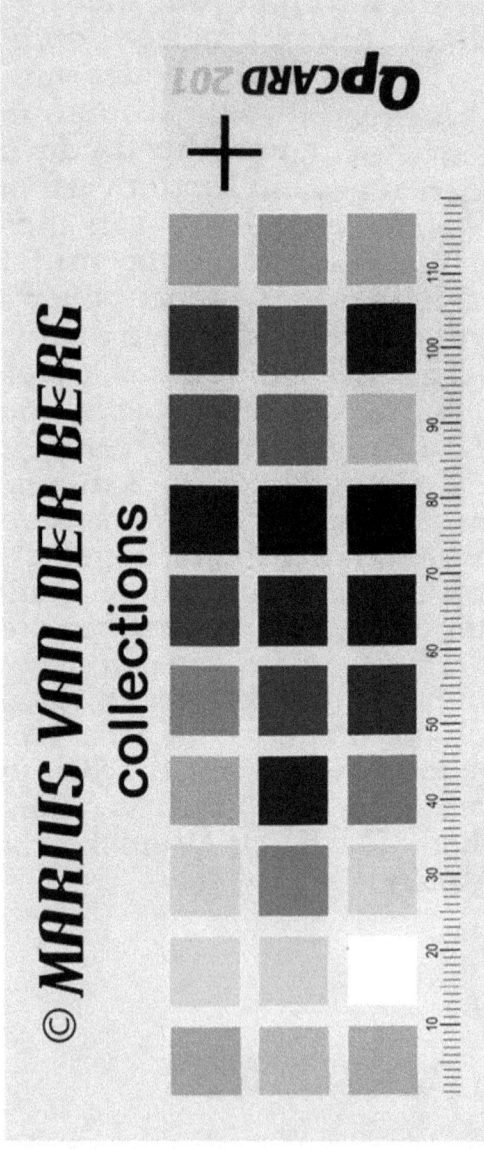

www.ingramcontent.com/pod-product-compliance
Lightning Source LLC
Chambersburg PA
CBHW072235170526
45158CB00002BA/903